阅

阅读成就梦想……

Read to Achieve

致中国读者

我相信中国很快就会拥有全世界最强大的创新动力，她在改善世界人民生活条件方面也会成为美国最重要的盟友。

当每位中国民众都能接触到VR头戴设备、互联网和优秀的教育内容时，他们将能迸发出最伟大的创意。

斯凯·奈特（Sky Nite）

VIRTUAL REALITY INSIDER

Guidebook for the VR Industry

虚拟现实

下一个产业浪潮之巅

[美] 斯凯·奈特（Sky Nite）◎著　仙颜信息技术◎译

2nd Edition

第2版

中国人民大学出版社

· 北京 ·

VR 产业生态图

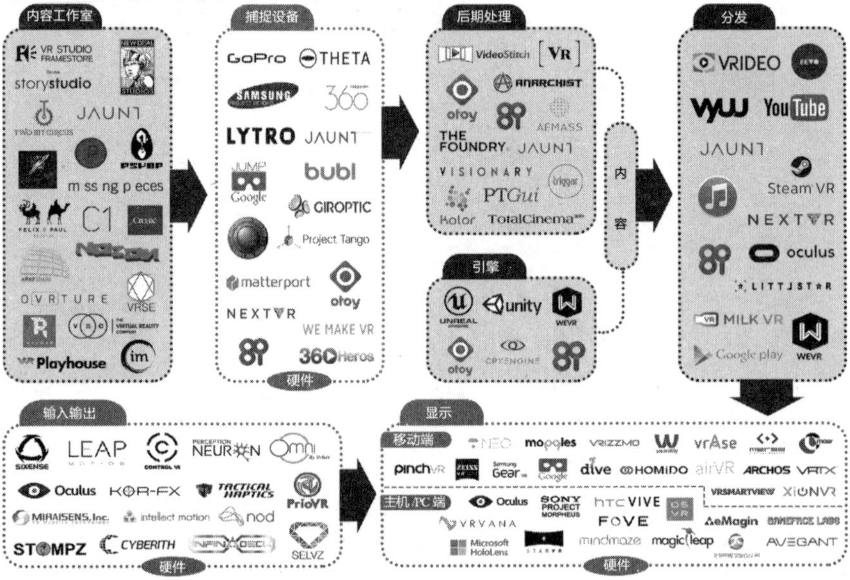

来源：BDMI

译者序

从 2013 年到现在，虚拟现实（VR）经历了快速的发展，令全球的科技、影视等商业巨头纷纷砸巨资押注未来。然而，它的火爆并不代表已经成为主流，这些巨头们也都清醒地认识到 VR 的成熟至少还需要 5~10 年。

在我看来，目前 VR 还备受各种技术瓶颈制约，如显示屏技术和网络传输技术等。Facebook 和 AMD 的研究都显示，VR 体验的完美分辨率是 16K，而我们现在才处于 2K 刚起步的时代。VR 体验对时延的要求非常高，随着 VR 数据量的爆炸式增长，网络传输能力将是重大瓶颈之一，否则在拥堵的网络环境下毫无沉浸感可言。

2014 年，我刚涉入 VR 领域时，国内的 VR 爱好者、从业者寥寥无几，信息、资料等也非常匮乏。因此，我萌生了尽己之力在中国传播 VR 技术和思想的想法，并创立了目前已备受全球瞩目的 VR 信息平台 YiViAn，在全球传播客观、深度、高价值的 VR 信息。

同时，把国外优秀的 VR 书籍翻译成中文引进出版是我从业 VR 以来的心愿之一。2015 年下半年开始，我就有开始寻求相关领域图书的翻译机会。我主动联系过已出版过相关图书的几位国外作者，但都因版权问题搁置下来。2016 年 4 月，我又机缘巧合地接下了这本书的翻译任务。翻译此书的劳务费用并不是我看重的，我更多的是琢磨着如何完成这本译著的可行性方案，以及如何应对翻译过程中可能面临的挑战。

我从 YiViAn 团队中挑选了刘小凤、赵雪君及黄晓婷三人一起参与了本书的翻译，她们都非常优秀，均在 YiViAn 从事 VR 的翻译工作超过一年的时间。译稿初步完成后，我、刘小凤以及 K-Labs 公司的郭奇三人又通力协作，对译稿进行了反反复复的校对。我还面向 VR 行业召集了数十人参与了部分审校工作，他们也给出了很多建设性意见，在此我真诚地表示感谢。此外，翻译本书的过程中，针对书中一些难以把握的地方，我们特地请教了作者斯凯·奈特先生，感谢他为我们所作的详细解答。

本书是一部很好的虚拟现实行业入门读物，能够让读者比较全面地了解 VR 产业的生态链、技术瓶颈、发展前景以及人才结构等。我建议，任何想了解 VR 甚至想加入这波科技浪潮的个人或团队都认真阅读一下本书，这将有利于你构建自己对 VR 产业的认知体系，为美好的未来扬帆起航。

需要注意的是，中文版的付梓与原著的出版时间相差一年左右，VR 产业的快速发展也让原著中的一些信息成为过去时或被验证为错误的，尽管我们在译文中予以了修改或添加了相应注释，但多少还是会有遗漏。

尽管我动用了不少资源来完成这本译著，但大家都是在工作学习之余仓促完成翻译的，难免还留有瑕疵，敬请读者谅解并多提宝贵意见。为此，我在网上为本书开设了专页，读者可访问 http://yivian.com/vri 了解所有更新的勘误以及其他相关资源，或者给我们留言。读者还可以通过电子邮件 ivian@yivian.com 给我反馈。

最后，再一次真诚地感谢所有参与了翻译工作的小伙伴们，以及中国人民大学出版社的编辑们。

刘卫华

仙颜信息技术创始人

2016 年 8 月

中文版序

如果你正在阅读本书，这意味着你已经是站在世界前沿的人物之一了。VR 将在我们的生活中扮演越来越重要的角色，而那些率先掌握该领域知识的人将会决定我们未来的生活方式。

在加州大学伯克利分校读书期间，我猛然领悟到“就是它，它就是人类的未来”。伯克利分校被誉为世界上顶尖高校之一，然而环顾四周，每个人都很普通，并不比我特别。甚至，我认识的大部分人都只是沿着各自的人生轨迹缓慢前行，缺乏纵观全局的视野。我意识到，如果我不投身于解决重大命题的事业，可能就没人会这么做了。

这一执念领着我历经曲折，最后来到 Upload 公司，创作虚拟现实教育内容。世界上的聪明人越来越多，但大家并不团结，只发掘了人类潜能的一小部分。我长远的目标是，在 VR 中重建我们的教育体系。然而，在实现这个目标之前，还需要技术和劳动力实现巨大的飞跃。所以，在这期间，我把目光放在了构建可以推动整个行业进步的核心知识上。

为此，我非常乐意与中国读者分享我的知识。我相信中国很快就会拥有全世界最强大的创新动力，她在改善世界人民生活条件方面也会成为美国最重要的盟友。当每位中国民众都能接触到 VR 头戴设备、互联网和优秀的教育内容时，他们将会迸发出最伟大的创意。

不过，仅凭一己之力是无法实现这一目标的。VR 行业的发展需要千百万人才的共同努力，他们将决定我们消费的媒体、我们创造的工具和我们人类的丰功伟绩。无论你是对人工智能、纳米机器人、生物化学、写作还是服饰（只是举几个例子）感兴趣，VR 都将在你的工作中发挥重要的作用。我希望你能够与我一起构建一个更加美好的世界，找到这段文字所蕴涵的价值。

前言

虚拟现实（Virtual Reality，VR）已经到来。几十年以来，科幻小说一直预言能够把人置于足以以假乱真的电脑环境中，如今我们确实做到了。这项技术将带领我们进入计算范式的新时代，并朝着电影《黑客帝国》（*The Matrix*）中所描绘的沉浸感不断迈进，我们正处于这一技术变革的风暴起点。

虚拟现实不是即将来临，而是已经到来，但大部分人却对此浑然不知。VR 将彻底改变我们交互的方式。这本书是基于我对 VR 行业一年多来的研究以及创立 VR 公司的经验写成的，目的是让你快速了解 VR 行业最重要的信息。我希望它能帮助你节省时间，快速打入未来娱乐、通信、教育和生活的方方面面。本书的内容旨在让你了解新想法，打开使用 VR 这一媒介的新思路。VR 这一媒介未来的发展将掌握在你们——内容创作者的手上，一个全新的世界正期待着你们的创造力和想象力。

VR 产业的关键是开放协作。尽管更多的内容创作者进入该行业会加剧竞争，但更重要的是这能够增强协作。在 VR 行业中进行创新的人越多，人们的生活就会越好。

从这本不厚的书中，你可以获得时下最前沿的虚拟现实资讯，同时省去几百个小时的研究时间。这对你个人和对整个虚拟现实行业来说都是巨大的福利，正如麻省理工学院数据科学家、可穿戴之父阿莱克斯·彭特兰（Alex Pentland）博士的研究所指出的：“接受多种多样不同想法的熏陶，是激发创造力和创新能力的关键。”通过阅读本书，你将认识到自己是否愿意进入 VR 行业，同时也将更好地了解到应该如何进入这一行业。如果你已经投身于这个行业，这本书能让你接触到一些你或许从未思考过的想法，激发你的创造力，帮助你开展头脑风暴。

目 录

01 未来就在眼前

VR 将成为全球增速最快的技术市场。完美的 VR 需要各技术的协同发展，但这也暗示着还存在很多不可预估的潜在技术瓶颈。

02 交互性和临在感

创作 VR 内容并不难，但设计交互沉浸式优秀内容却面临很大的挑战。其中，交互性和临在感是 VR 设计中最需要考量的两个点，也将衍生大量的实验和探索。

03 VR 体裁

每个时代都会创造出独具一格的娱乐体裁，而 VR 时代同样将创造出其独有风格的娱乐，并升华现有的娱乐体裁。

04 VR 在教育中的应用

现行的教育体系已经发展了一百多年，然而科技的高速发展对人才的培养提出了更高的需求。而 VR 能把学生培养成知识的主动追寻者而非被动的接受者，并将利用其优势有效地解决现行教育体系的缺陷，提供更好的紧跟时代需求的人才培养体系。

05 VR 创作团队

创作令消费者满意的 VR 内容将是未来虚拟现实发展至关重要的一环，而创作不同方向的 VR 内容的团队所需的成员角色也不同，组建并管理一个优秀的 VR 团队能有效利用每个成员的专业知识和技能，最大化创造力和生产力。

06 VR 及未来

未来的发展不仅仅是 VR 技术，还有 AR、AI、生物增强、纳米机器人等，VR 作为下一个人类文明发展的浪潮，将在接下来的几年成为“现实生活”有趣且实用的补充，越来越向“现实”靠近，最终我们将区分不出“现实”和虚拟现实……

后 记

01

未来就在眼前

VIRTUAL REALITY INSIDER

Guidebook for the VR Industry

VR 将成为全球增速最快的技术市场。完美的 VR 需要各技术的协同发展，但这也暗示着还存在很多不可预估的潜在技术瓶颈。

打造引人入胜的虚拟现实环境的技术已经出现。2015 年年底前，VR 设备将以经济实惠的价格出售给消费者[①]；2016年年底前，VR 将成为全球增速最快的技术市场。若想充分利用好这项技术，就必须了解第一代消费级虚拟现实（后面简写为 CV1 VR[②]）的功能及其局限性。虚拟现实硬件为娱乐、通信、教育等各行各业开辟了全新的方向。本章将重点讲述 VR 体验的各个组成部分，阐明 CV1 VR 技术的最新发展，并探索未来可能出现的技术。如果你已经是 VR 市场、VR 技术的专家，完全可以跳过本章。

虚拟现实设备之头戴式显示器

当下，领军的头戴式显示器（Head Mounted Display，HMD）包括 Facebook 的 Oculus Rift、索尼的 PlayStation VR[③]、宏达电子公

① 原先计划在 2015 年上市的消费者设备有三星 Gear VR 和 HTC Vive，但最终只是三星 Gear VR 在 2015 年 11 月上市了，而 HTC Vive 并没有如约上市，却被推迟到 2016 年 4 月才上市。——译者注

② 这里的 CV1 并非指代 Oculus VR 公司的 Oculus Rift CV1 头显。——译者注

③ 在 2015 年 9 月索尼将 Project Morpheus 正式更名为 PlayStation VR，后面统一用 PlayStation VR。——译者注

司（HTC）和维尔福游戏公司（Valve）联手打造的 Vive 及三星的 Gear VR[①]。

现状

头显（头戴式显示器）是 VR 体验的核心部件，当 Oculus VR 公司首席执行官帕尔默·拉吉（Palmer Luckey）凭借其头显开发用机获得关注时，人们开始意识到 VR 终于作好了进入消费者市场的准备。从本质上而言，一旦一款前景可观的 HMD 开发成功，各种资源就会涌入其它有助于提升 VR 体验的市场。那么到底是什么使得虚拟现实头显成为 VR 体验的核心呢？

头显视野范围广阔，基本涵盖了人类正常的视野范围。目前 Oculus Rift[②] 拥有 100 度视野，接近人眼约 120 度的视觉范围。这一特性让人们忘记自己戴着头显设备，进而沉浸于虚拟世界之中，这基本上也让你能够在一个完整的人类视野范围中创建内容。

同时，头显还采用立体 3D 环绕技术。也就是说，这一技术为两只眼睛分别提供了不同的成像，模仿现实中获取信息的方式，带来真实的 3D 深度知觉。

当你戴着 VR 头显移动头部时，你的视野场景以相应的速率

① 三星 Gear VR 由三星和 Facebook 旗下子公司 Oculus VR 联手研发设计。——译者注

② 这里的 Rift 指 Oculus Rift DK2，第一代消费版 Rift 拥有 110 度视野。——译者注

刷新，目的是允许你像在现实世界中一样，在虚拟世界中环顾四周。这在以前是无法做到的，还会因为时延引发晕动症（Motion Sickness）；然而，现代技术让我们得以欺骗大脑并把这种运动当作了现实。这是通过降低视觉暂留[①]、提高刷新率来实现的，有效地减少了运动模糊，从而降低甚至消除晕动症。

简单来说，CV1 头显每秒追踪用户头部运动 60~120 次，精度为 0.1 毫米，画面则根据头部运动进行调整。所以，当你转动头部观察周围（虚拟）环境的时候，你会认为（虚拟）环境确实存在于你的周围，而事实则是你脸上戴着一块一闪一闪的屏幕！每秒 90 帧（90fps）的速度比我们肉眼可以感知到的速度要快，甚至比我们潜意识可以感知到的速度还要快。这一点对于避免由于视野场景刷新和头部运动不同步而造成的晕动症至关重要，我们将在第 2 章详述。

头显通过置于用户前方的一个独立摄像头或激光扫描仪来追踪用户头部的位置，这个摄像头不仅可以收集现实世界中头部运动的信息，还可以作为控制输入使用——当用户前倾、后仰、左右或上下运动时，摄像头会将这些运动转化为控制输入信息（比如，向左移动或向前走）。如果用户在一个多玩家的环境中互动，那么这些头部运动信息就会直接体现在他们的化身（用户的数字化角色形象）身上。

① 也有称作“余晖”的。——译者注

在 CV1 VR 阶段，我们基本上有了一款能把我们带入一个逼真的虚拟世界的头显，它能让我们的视野被这个虚拟世界填满，就像现实生活一样有深度感，我们环顾虚拟世界的方式与我们环顾现实世界的方式一样。这一混淆我们大脑感知的东西叫做临在感（Presence），我们将在第 2 章对此进行详述。快速的刷新率 + 准确的头部追踪 + 真实 3D（立体感）= 有临在感的 VR。

以下三款头显将在 2016 年占据大部分的 VR 市场份额，它们是 Facebook 的 Oculus Rift、Valve 和 HTC 联手打造的 Vive、索尼的 PlayStation VR。

Oculus VR[①] 于 2014 年被 Facebook 以 20 亿美元收购，目标是推出可在 Windows 电脑上运行（计划最终支持 Mac 和 Linux 系统[②]）的售价 400 美元左右的 VR 产品。它使用一款特殊的摄像头，可放置于用户前方几英尺的地方进行位置追踪，头显屏幕刷新率为 90Hz[③]。Oculus 一直在出售其开发用机（即 DK2），拥有大批使用其技术和软件开发工具包（SDK）的开发者。Oculus Rift 消费版已于 2016 年 3 月 28 日正式上市发售。

① Oculus Rift 是 Oculus VR 公司的头显品牌，以前人们习惯用 Rift 来指代 Oculus VR 公司。为了更好地理解，这里将原文中的 Oculus Rift 更改为 Oculus VR。——译者注

② 鉴于所搭配显卡性能不足的原因，Oculus 在 2015 年宣布暂停对 Mac 和 Linux 系统的支持。——译者注

③ 原文的 fps 是个错误，fps 指内容的帧率，Hz 指屏幕的刷新率。——译者注

和 Oculus Rift 类似，Vive 也是基于 Windows 系统，屏幕刷新率同样是 90Hz，使用一个或多个激光扫描仪作为位置追踪设备。同时，Vive 公司会挑选一批开发者，并向他们免费提供数量有限的开发用机。Vive 消费版也在 2016 年 4 月 5 日正式上市发售。

PlayStation VR 则是基于 PS4 运行的。索尼也把其开发用机发放给挑选出来的一部分开发者，但获取索尼开发用机的过程最复杂。PlayStation VR 使用 PlayStation Camera 进行位置追踪，其屏幕刷新率最高可达 120Hz，同时也可根据不同的体验需求，用 60Hz 或 90Hz 进行渲染。考虑到 PS4 与目前的 PC（未来的 PC 则更甚）相比，性能较低，我预测大部分的游戏都会是 60-90fps。该设备预计于 2016 年上半年推出①。

这三大头显的技术从本质上来说非常相似，它们将构成消费者价位中最高端的 VR 体验。鉴于它们潜在的巨大用户基础，许多开发者都计划开发同时支持这三款头显的内容。

除了这些高性能的头显外，还有几款针对轻度消费者设计的便携式移动 VR 头显，其中最优秀的要属三星的 Gear VR。Gear VR 使用三星智能手机（如 Galaxy Note 4）作为头显的屏幕和运算处理器，并使用 Oculus 开发的软件，但没有头部追踪功能，因此

① 索尼在 2016 年 6 月 E3 电子娱乐博览会上宣布将于 2016 年 10 月 13 日正式上市发售。——译者注

头部运动的精确度受限。此外，它的屏幕刷新率只有 60Hz。尽管如此，Gear VR 在被动式 VR 体验（如电影院）中具有良好的潜力。

谷歌也在加大对 Google Cardboard 的投资，这是一款用硬纸板做成的 VR 头显，几乎任何智能手机都可以放进去，但必须用手扶着放在眼前来观看。尽管成本低廉的 Google Cardboard 能够让人大概感受一下 VR，但几乎没有任何临在感，看起来基本上就是一个 360 照片 / 视频浏览器。还有许多使用不同镜片和人体工学设计的同类型产品，它们的工作原理基本一致：让你的智能手机变成一台 VR 设备。

值得一提的是，目前移动 VR 的发展与顶尖的三大头显相比要局限得多，因此在内容上获得的收益也会少得多。这主要是因为高端头显的买家大部分是忠实玩家，他们愿意花钱购买更多的内容，也更经常使用这些头显；但购买移动头显的人可能只会买几个体验满足下猎奇心理，远不如忠实玩家那么投入。

那么，早期 VR 市场的规模将有多大呢？根据我对市场的调研，我估计 2017 年 1 月前至少有 200 万台 Oculus Rift、PlayStation VR 和 HTC Vive 头显售出，但我认为实际销量将会接近 1 000 万台。这个数字不包括移动头显，它们的销量更难预料，但我预测也会超过百万。BI Intelligence 在其市场调研报告中预测 2017 年 1 月前所有 VR 平台将一共售出 600 万台 VR 头显。显然，

VR 在未来预计将呈指数增长，和智能手机的普及率相当。

我们一直在讨论 VR，那么增强现实（AR）又是怎样的呢？AR 和 VR 非常相似，AR 并不是沉浸于数字世界，而是数字 3D 物体（即全息图）和实体世界的重叠。总的来说，这是通过使用头显把光投影到用户的眼睛里来实现的，效果与 VR 类似，但在 AR 中可以与实体世界互动。AR 和 VR 的区别就好比，AR 是擅长移动计算的智能手机，VR 是桌面 PC 或家用娱乐主机。但要注意的是，这一类比其实是过度简化的一种说法——AR 的很多功能是智能手机或 VR 设备无法实现的。在初始阶段，这两项技术是互补存在的：AR 用于现实世界，VR 用于逃离现实世界，然而未来它们很可能会融合在一起。

目前，AR 行业的领军产品是微软的 HoloLens。这款看起来有点像遮光眼罩的产品能够十分精确地追踪现实世界的物体。除此之外，用户在一定的视野范围内可以看到具有真实 3D 深度的全息图。这个效果就类似于用户眼前有一个窗口，窗口内的 3D 全息图看起来就像在现实世界中一样。视野范围的狭窄和明显的头部追踪时延是这款 AR 设备[①]面临的两个最大的限制。

另一款 AR 前沿头显是 Magic Leap，已获得谷歌超过 5 亿美

① 原文说这是消费级 AR 设备，事实上目前（2016 年）HoloLens 还属于开发版。——译者注

元的投资。尽管该公司一直对其技术闭口不提[①]，但Magic Leap似乎是 HoloLens 的直接竞争对手。

当然还有其他的头显产品，但它们还远远落后于最强的几家技术公司。这一部分的重点是 CV1 VR 头显将把用户置于一个非常逼真的虚拟世界。

未来

随着头显技术的不断进步，显示器分辨率将会被提高，视野将会被扩大，而时延将缩短，头显的重量也将减轻。这些变化将让 VR 体验越来越接近我们在现实生活中的视觉体验，并且很有可能与现实生活别无二致。

控制输入

现状

VR 头显虽然可以带来绝佳的视觉体验，但要想获得交互式体验，还得添加控制输入。除了游戏手柄外，还有不少不错的动作控制器即将上市，但发展初期的价格会相对较贵。在设计 VR

① Magic Leap 在 2016 年多次对外公开了一些信息，你可在译者博客 yivian.com 上找到相关信息。——译者注

体验时，开发者一定要牢记玩家使用的控制输入类型。比如说，使用手柄进行控制和通过真实的跑跳来控制运动的体验完全不同。

Oculus Rift、PlayStation VR 和 HTC Vive 头显都有其配套的动作控制器，并且都采用双操控手柄（一手一个），旨在追踪 6 个自由度（上、下、前、后、左、右），但表现有所差异。

Rift 头显的动作控制器名为 Oculus Touch，或许是最有效的输入解决方案，追踪精确、设计舒适、符合人体工学，同时还配备触摸式传感器，除了基本的控制杆功能，还可以使用翘大拇指、食指向前指和手枪手势，共有两个按钮，两个扳机键。但 Oculus Touch 和 Rift 头显分开销售配送，Rift 头显目前则与 Xbox One 控制器绑定发售。

Vive 控制器也极其精准，给你虚拟和现实中运动轨迹完全一致的感觉。在 Vive 的展示过程中，展示者会在你戴上头显后递给你控制器。每个控制器上都有一个控制板，作控制杆使用，外加三个扳机键，一个菜单按钮。Vive 的激光扫描系统也同样值得称道，两台扫描仪可以划出一块 15 英尺 × 15 英尺[①] 大小的可追踪空间，支持他们所鼓励的“房间尺度”体验。在 VR 中，你可以在这个范围内自由行走，当你靠近墙壁的时候，它就会在虚拟世界

① 约 4.5 米 × 4.5 米。——译者注

中以网格的方式呈现，警告你即将撞到墙上。Oculus 的追踪系统可以用两台相机划出至少 13 英尺 ×13 英尺[1]的可追踪空间，但该系统不具备适当的“近墙提醒”安全特性，也不鼓励“房间尺度”的体验，因为他们认为“房间尺度”的应用在 VR 发展初期不常见。

PlayStation VR 使用 PlayStation Move 作为动作控制器，但因为这款控制器研发得较早（2010 年），所以准确度是三款之中最差的，不过依然能够紧跟你的运动。每个控制器有四个小按钮、一个大按钮、一个扳机键、一个菜单按钮和一个由 PlayStation Camera 追踪的光球。但它缺少控制杆，同时其硬件也都无法与 Valve/HTC 及 Oculus 媲美。不过，它的优势在于成本较低廉，也有现成的硬件体系。此外，所有的 PlayStation 4 都带有一个 DualShock 手柄，包含一个摇杆、四个按钮、四个扳机键、一个控制板、一个十字方向键和一个光条，方便 PlayStation Camera 进行追踪。

Sixense 及其他第三方公司提供六自由度传感器，这些传感器可以与控制器结合，或放在身体的某些部位上来实现手臂、腿部、身体和头部运动的跟踪。此外，Virtuix、Cyberith 和 KAT[2]公

① 约 4 米 ×4 米。——译者注

② KAT 是杭州一家虚拟现实公司。——译者注

司正在研发万向行动平台（又称跑步机），让用户能够在相对固定的位置通过步行或跑步来控制角色的运动。

很多其他的公司，如 Servios、VRCade 和 Protagonist 等，都在探索如何在现实空间内打造虚拟现实。它们的系统让用户可以通过在现实世界中的运动来控制虚拟世界中的运动。不过，虽然这种体验沉浸感很强，但也面临着严峻的问题，如空间限制，也就是说必须要根据环境要求来专门设计体验。应对这一问题的技术之一是重定向行走，它通过对虚拟世界的方向进行不被用户察觉的微调来解决空间受限的问题。但考虑到此举需要大量的空间和摄像头，所以这一方案在 CV1 VR 时代可能只适用于虚拟现实游戏厅，而不适合家用。

在 VR 游戏厅技术方面，最优秀的可能要属 The Void 公司，该公司利用自己的仓库和头显打造高端的 VR 体验，带领用户遍历现实的空间。比如，你可以看到面前的控制面板，当你触摸面板的时候，你可以获得真实的触感，因为在仓库内头显指示的位置的确有一块面板。

Leap Motion 是一个手势控制系统，能够与计算机结合来实现直观的手部控制。该系统使用多种摄像头来获取动作数据并将其转译为控制输入。Myo 是一个可以探测手部接收的脉冲并将其转译为控制输入的臂环，也就是说它可以比你的手更快地探测到运动的信号。虽然这项技术不是专为 VR 而开发的，但在未来的 VR 和 AR 输入设备中将大有可为。

如果你希望自己设计的体验能接触到尽可能多的人，那它必须足够吸引人，并且使用 Xbox 或 PlayStation 类的控制器。CV1 VR 的用户群将分为几个层次：追求最强沉浸感并且有经济能力的重度用户会购买头显和动作控制器，甚至有可能购买万向行动平台或打造 VR 游戏厅；中度用户可能会选择只买头显和动作控制器；轻度用户可能无法承担或者不愿意在动作控制设备上花钱，但会购买头显和标准的游戏手柄。在开展某个项目之前，仔细了解每种用户群体所占的市场份额是十分重要的。

需要注意的是，移动头显目前的控制输入方式极其有限（1~3 种输入），比如 Gear VR 侧面的触摸板等。因此，移动 VR 目前主要专注于较为被动的体验。

未来

影片《星际迷航》（*Star Trek*）中的全息甲板技术似乎已经成为虚拟现实的圣杯。开发者心目中的终极目标是打造一个可以自由运动的体验，在体验过程中，用户可以按照现实生活中的交互方式在虚拟世界中进行交互。这个愿景并不遥远，动作控制即将变得越来越精准，越来越自然，最终模糊现实和虚拟现实间的界限。

触觉反馈

现状

就算有逼真的运动追踪和视觉体验，在虚拟现实中触摸物体的体验却会让这一美妙的幻境瞬间破灭。目前，触觉反馈尚未发展成熟，研发出来的产品要么是美化的震感式手柄，要么干脆没有为用户设计触觉体验，无法为消费者所用。在 CV1 VR 阶段，我们认为用户的触觉和视觉无法精确匹配。

话虽如此，但也不乏有趣的发明。日本的研究人员最近展示了“拉力幻觉”的可能性，从本质上来说就是通过带有方向性的震感制造被拉往某个方向的幻觉。

此外，CyberGlove 系统建立了一个触觉工作站，其提供的 VR 触觉反馈可能是目前为止感觉最真实的。这个大型的触觉工作站不仅能让你感受到物体的触觉，还能让你把双手放在虚拟的物体上。尽管目前这个设备离进入消费市场还很远，但它至少向我们展示了一种可能性。

还有更酷的发明——英国布里斯托大学（the University of Bristol）的研究人员发明了一种让你通过超声波来感知虚拟物体的方法，并将其命名为“超触觉”（UltraHaptics）。这项技术追踪用户与虚拟物体相关的手部运动（使用类似于 Leap Motion 现有追踪技术），并在合适的时间和位置引导超声波，让你感觉像在触摸全息图一样。

一家名为 TacticalHaptics 的公司研发了一款震感控制器，其控制器的把手处还带有滑板，实现拉伸或握住物体的感觉，

未来

触觉反馈可能是 VR 体系中发展最晚的一个领域。随着 VR 逐渐成为日常生活的一部分，触觉反馈技术的精度将大大提高，到时或许我们穿戴的手套或其他衣物可以根据我们与虚拟世界交互的方式来调节触觉的压力大小和质感。同时，随着大脑研究的不断发展，我们在未来可能通过神经刺激来进行假触击信号的交流。到那时，味觉和嗅觉或许也会成为程序的一部分，虚拟现实就真的和现实别无二致了。

软件引擎

尽管软件设计引擎并不为 VR 独有，但我觉得还是有必要提及一下。多年来，引擎一直是电子游戏行业设计游戏（或其他 3D 体验）的框架，大大简化了游戏设计的过程，图形技术的快速发展使很多游戏工作室一度打造了自己的引擎。但随着我们设计出

来的东西越来越接近真实世界，新技术在图形方面的差异大大减小。Unity 5 和 Unreal Engine 4 都是领先的引擎，图像质量高，并且直接支持虚拟现实，使用它们进行项目开发可以省去重复劳动。

软件分发

软件分发的方式已经完全数字化，VR 体验几乎将全部通过在线方式进行分发。虽然有很多分发渠道可以考虑，但要注意的是，人们可以下载你开发的所有东西，并且可以在不离开家的情况下进行体验。Valve 旗下 Steam 平台是最受欢迎的 PC 游戏分发系统，而且也将在 VR 内容分发中扮演重要角色。此外，Oculus 也将拥有自己的在线分发平台[①]，索尼则有 PlayStation Store。

另一个值得注意的平台是 WebGL——一个 JavaScript API（应用程序编程接口），它可以在网络浏览器中渲染 3D 图像，这意味着所有的游戏都可以直接在网上运行，无需下载。随着网速的提高，这种以云端为基础的分发方式将越来越普遍，因为它可以省去下载和储存内容的麻烦，许多网络浏览器公司都已经开始着手利用这一技术。

① Oculus 已经推出了 Oculus Home 在线分发平台。——译者注

动作捕捉和扫描

动画设计师使用动作捕捉技术已经有一段时间。凡是做动画的，必寻找最先进的技术。比如说，Faceshift 可以把你的头和脸数字化，并且让你轻松地创造特定的人脸表情。

最近，动作捕捉这一领域最令人兴奋的进步当属 Perception Neuron[①] 了，这是一套可以准确捕捉全身各个部位运动（包括手和手指）、售价低于 2 000 美元的惯性动作捕捉套装。与之相比，之前类似的动作捕捉套装售价都超过 10 000 美元，基于摄像头的动捕设备则要花费 30 000 美元左右。由于 Perception Neuron 使用的是动作传感器而不是摄像头，所以非常便携。动作捕捉套装成本的下降对于电影和游戏行业将产生非常重要的影响（思考一下 Youtube 化的动画），同时也推动我们逐步往经济实惠的 VR 全身捕捉设备靠近。

目前有几家公司正在研发用于 VR 影院的支持 360 度实景拍摄的摄影技术，以及把现实的动作和环境导入 VR 引擎的激光扫描和光场技术（第 3 章将有详述）。其中，Jaunt 公司在和谷歌合作，专注于研究光场视频技术，这一技术可以拍摄 3D 360 视频，而不是平面 360 视频。

① Perception Neuron 是北京诺亦腾科技有限公司研发的动捕系统。——译者注

手持 3D 扫描仪和袖珍 3D 扫描仪也在研发当中。一旦成功，人们便可以把物体和房间扫描进他们的电脑里。Matterport 公司已经开始在室内空间实践这一做法。传言谷歌也有意将 3D 扫描技术融入智能手机摄像头中，让每个人都能录制 3D 信息[①]。

① 谷歌已经推出了 Tango 技术，并与联想公司联手发布了全球第一款 Tango 手机。——译者注

02

交互性和临在感

VIRTUAL REALITY INSIDER

Guidebook for the VR Industry

创作 VR 内容并不难，但设计交互沉浸式优秀内容却面临很大的挑战。其中，交互性和临在感是 VR 设计中最需要考量的两个点，也将衍生大量的实验和探索。

临在感

临在感（presence）是指身临其境之感，虚拟现实让我们第一次在虚拟环境中获得了临在感，这种效果和 2D 屏幕带来的感觉有本质上的不同；它让你觉得自己真的处在虚拟环境中，而不只是虚拟世界的旁观者。这种感觉由很多部分组成，因此想保持这种美好的幻觉就必须先了解这些组成部分。为了充分理解临在感，我强烈建议你先试试 VR 头显，毕竟知识层面的理解并不能代替直观的个人体验；同时，由于 VR 临在感目前还是非常微妙的，所以你有必要在开发过程中不断测试自己创作的体验。

模拟器眩晕症

模拟器眩晕症[①]（Simulator Sickness）是 VR 最大的敌人，它是指在使用 VR 的过程中给人们所造成的不适和恶心感。幸运的是，目前造成模拟器眩晕症的硬件原因已大大减少，但 CV1 VR

① 模拟器眩晕症是运动眩晕症的一种，当然也不是 VR 独有的症状。

——译者注

还是不能骗过我们身体的前庭系统，即负责平衡感和空间定位功能的系统。这就意味着当 VR 中的运动和身体的实际运动相冲突时，我们的眼睛和前庭系统分别向大脑传递的信息也会冲突，这便是造成模拟器眩晕症的主要原因。因此，要想让用户获得舒适的体验，在设计 CV1 VR 体验的过程中就必须牢记这些。对此，Oculus VR 总结出了一套“最佳实践”，以下是他们的主要发现，开发者在设计过程中需牢记。

- 要保证用户总能够环顾四周，开发者若剥夺了用户的这一自由，不仅会破坏临在感，还会导致模拟器眩晕症，并让人失去方向感。
- 变速是引发模拟器眩晕症的主要原因（包括提速和减速）。
- 瞬时变速比逐步变速感觉更舒服，所以要尽量缩短变速的时间。
- 尽量控制好变速发生器，正如在现实生活中乘客比驾驶员更容易晕车一样，VR 的原理也是类似的，所以开发者应避免擅自移动摄像机。
- 垂直方向上的变化特别容易让人失去方向感，所以在任何时候都应该避免在游戏中设计崎岖或倾斜的地形和使用楼梯。
- 把后退、横移和旋转等操作的次数降到最低，尽可能让玩家朝着眼前视线方向运动。向前步行的速度控制在 1.4 米 / 秒比较理想（跑步速度为 3 米 / 秒）。

- 玩家的 VR 体验越丰富，模拟器眩晕症就越不容易发生。这意味着你必须让开发部门外的人们来测试你设计的体验，以获得更准确的舒适度反馈（这并不是一件坏事，因为你可以获得更多的反馈）。这也意味着随着人们越来越习惯 VR，体验的强度（即打破这些规则）也可以提升。因此，你可以考虑在体验中增加调节强度的设置，这样重度的 VR 玩家可以获得完整的体验，而没有“VR 腿”[①] 的人们也可以享受你创作的内容。
- 由于用户戴着头显时无法看到外面的世界，所以操作要尽量简单直观。
- 一个静止的视觉背景可以减少前庭系统的冲突。例如，赛车游戏中，在地平线放置一个即使开车转向时也不会移动的天空作为背景。
- 物体在 0.75 米 ~3.5 米这个视觉范围内看起来最舒服，任何需要长时间出现的物体（如菜单和化身）都应该放置在这个范围内（这是根据现实世界的情况计算的）。

这么多条条框框看起来可能有点吓人，但模拟器眩晕症的确是打造 VR 体验最需要克服的障碍。把用户从 A 点带到 B 点这么简单的事情都有可能让人感到恶心。但别怕，在开发 CV1 内容时

① 这是一种比喻说法，形容用户是否习惯了虚拟现实环境，多用于虚拟现实行走情景。——译者注

牢记这些限制，同时根据测试的反馈来进行调整：比如说与其让用户爬楼梯，不如给他们坐电梯；不要一上来就使用第一人称视角的三重后空翻，等等。从项目一开始，就要谨记玩家可能用到的控制系统，并确定玩家在 3D 环境中运动的大致方式。

Oculus VR 的首席技术官约翰·卡马克（John Carmack）曾经说过："控制杆转向是虚拟现实的毒药[①]"。对于那些对晕动症没有免疫力的玩家来说，像传统的第一人称视角游戏那样通过控制杆来转向绝对是最糟糕的做法，只要想象一下如果你所处的房间突然绕着你旋转起来会是什么感觉，你就会明白。如果通过控制杆来转向是你的唯一选择，那么你的用户市场就局限于那些不容易患晕动症的人，因为其他人的胃肯定会翻江倒海。"舒适转向"使用瞬间的转向来减少操纵控制杆导致的晕动症，但这么做除了会非常破坏沉浸感之外，还收效甚微。

目前，越来越流行的另一种做法是，通过目光注视来控制运动的方向。这一方法的缺点在于，如果你正在左顾右盼，就不能向前运动，而这也违背了我们在现实世界中运动的习惯。此外，与使用控制杆相比，尽管这种方法造成的晕动症症状有大大减少，但还是会有头晕的感觉。

① 约翰·卡马克的原话是"Stick yaw control is such VR poison."。——译者注

我们公司发明的一种方法是完全消除身体的转向，限制玩家只能够向前、向后和横移，把头部运动和身体运动分离。从用户测试的反馈来看，只要我们能够把运动保持在较慢的速度，只有不到 1% 的人在 5 分钟的测试中感觉到头晕（超过 200 人参与了 Oculus DK2 测试）。然而，这种运动的方法大大限制了你的游戏设计，使游戏只能停留在线性层面，不适用于开放式场景的游戏。另外，大部分玩家都已经习惯了在游戏和生活中自由地转向，所以这种运动方式对玩家来说会有束缚感。

目前，对于 VR 的移动行走问题还没有完美的解决方案。人们正在积极试验新的不会导致晕动症的方法，但似乎总会要有所妥协。正如最佳实践中所建议的，最好的方法可能是提供不同舒适程度的选择，让那些为数不多拥有铁打的胃的玩家在游戏中获得更多的自由，让那些容易头晕恶心的人也能舒服地享受你的游戏。

随着玩家越来越习惯 VR 体验，以及硬件配置的提高，游戏设计方面的限制将会减少，更多重度体验也会成为可能。Oculus 致力于在 CV1 VR 阶段打造一种坐式体验，而这种体验导致的前庭系统冲突最强烈。相比之下，在房间尺度 VR 中进行正常身体运动的玩家就没那么容易受晕动症影响，因为他们的运动和他们看到的东西相匹配，只要头显的追踪功能足够准确，就不会有前庭冲突。

总之，让运动尽可能接近现实是保持临在感的一大法宝，只要照搬 Oculus 的最佳实践，你就能够实现这一目标。那么，体验本身又该如何设计呢？由于玩家是处于虚拟世界之中而不只是以局外人的身份观察虚拟世界，因此视觉的不一致性和不现实的交互都会让人们意识到自己并不是真的身处其中。保持临在感或全沉浸感（immersion）是 VR 体验的基础，因此一定要竭尽所能打造出这一感觉，除非你专门想破坏它。

改变视角

那么，临在感是如何颠覆我们设计体验的方式的呢？电影剧本很少涉及第一人称视角，它对人们看到的东西拥有绝对的控制权。小说经常使用第一人称或第三人称，这两种叙述视角都让读者可以从多个角度对故事展开想象。这么一来，游戏就成了最能够提供沉浸式视角的媒介。但是，大部分游戏采用的过场动画等方法却会把玩家带出他们基本的游戏视角。在 VR 中，玩家必须一直控制他们的头部运动，而且任何改变他们基本游戏视角的变化都会破坏临在感，造成“出戏”感。

为了能够有效地设计第一人称 VR，体验必须以能够让用户融入他们角色的方式呈现。最少要保持头部的活动能力，如果能够自由运动会更好。要达到这个效果，游戏剧本作家从第二人称“你”的视角来写可能会更有帮助，这能够让游戏剧本作家在写作过程中细化游戏主角，并且提醒他们尽管角色有特定的情绪和性格，但在背后控制它的人则是形形色色性格各异的。

由于在 VR 环境中角色的视野运动更加自由，又不能使用场景切换，所以环境和轨道设计变得极其关键，开发者需要充分设计用户所处的任何地点，在体验的每一部分标出用户从一个地方移动到另一个地方的方式。一个有效的方法是把自己想象成那个角色，思考一下其他用户会做出什么与你不同的行为。

交互性

在第 4 章中，我们将讨论不同类型的叙事方式以及它们所展现出的不同程度的交互性。不过在此之前，先从广义上（即从叙事和 VR 的角度）理解交互性是十分有益的。

被动式媒介

被动式体验是指消费者只有感官输入，而没有任何对其消费的媒介产生影响的输出。20 世纪，电影的发展为人们消费故事创造了一个新的被动媒介。与之前最受欢迎的小说和舞台剧相比，电影这一新媒介进一步控制了消费者的视听体验。小说让读者可以根据自己的解读展开视觉想象，舞台剧的每次演出都有一点不同，更受到了实际演出场地和演员重复演出的限制。电影史无前例地让每个人无论身处何地，在消费同一个故事时，都能获得一模一样的视听体验。自电影诞生以来，其作为一种艺术形式获得了长足的发展，而作为一种媒介，它让讲故事的人得以精确掌控观众的注意力和情绪。

历史概述：交互式叙事方式

相反，交互体验则会受到消费者行为的影响，使每次的体验因人而异。交互性可以分为很多个等级，按照定义，游戏是交互式——我们用动词“玩”来描述对游戏的消费，强调了这种媒介交互的本质。电子游戏在过去几十年间的蓬勃发展，可能会让你觉得交互性在叙事中的应用也应获得了同等水平的进步。然而，随便问一个游戏剧本作家“游戏是否发挥了在叙事方面的潜能”时，你都会得到一个十分肯定的回答——“没有”。直到最近，游戏工作室才意识到这一点，并开始用新颖的方式讲述引人入胜的故事，这才有了诸如《质量效应》（*Mass Effect*）、《最后生还者》（*The Last of Us*）和《生化奇兵》（*Bioshock*）等游戏。为什么会这样呢？

起初，电子游戏制作的重心是游戏玩法以及提高可玩性所必需的技术，对于技术知识的高度依赖意味着游戏设计基本上由软件工程师控制。尽管这也创造出了不少非常优秀的交互式体验，但故事性往往是在完成后再考虑的。随着游戏变得越来越复杂和成熟，专业的游戏剧本作家开始加入，但故事情节也只是为游戏可玩性锦上添花，并不是主要驱动力。其原因也很合理：无论一个游戏的故事情节有多糟糕（甚至没有故事情节可言），但只要可玩性高，人们就会玩；无论故事情节再怎么吸引人，但可玩性很低，人们就不愿意玩。由于玩家会把大部分的时间用于探索玩法，并据此决定是否购买一款游戏，因此游戏开发者更注重可玩性而非叙事手法是有道理的。

但是，随着同类游戏玩法之间的竞争愈发激烈，叙事手法成为区分高下的重要因素。有些团队开始让游戏剧本作家在开发初期便参与进来，就游戏体验的制作发表自己的观点，而不是简单地把他们写的故事套入别人的框架中。有些游戏甚至从以预期的游戏玩法为中心转移到以预期的叙事方式为中心来打造游戏体验。

如今，VR 的到来让我们看到交互式媒体内部传统的动摇，这种变化加速推动了以叙事方式为中心的趋势的发展。尽管 VR 在技术和玩法方面依然存在很多未知数，但围绕叙事方法创造新的体裁和知识产权（Intellectual Property，IP）的机遇是巨大的。已经意识到这一机遇并且有能力组建团队专注打造叙事驱动型内容的游戏剧本作家将在 VR 行业风生水起，因为 VR 叙事手段完全有潜力在十年内使电影行业黯然失色。

游戏产业的收入已经开始超越电影，随着越来越多故事驱动型 VR 内容的涌现，电影行业将经历一场大变革。如果在家套上头显就能够被传送到一个宏大的故事里，又有谁愿意开车到影院看一个 2D 屏幕呢？影院之所以还存在，其中一大原因是影片的所有权问题；只有在影院上映数月之后，影片才能在家中观看。但如果影片一上映人们就可以在家里看到，那么对影院的需求就将大大降低，影院也将难以为继。VR 内容将由多家新兴公司打造，通过网络直接送入你的家中，电影作为一种娱乐媒介可能会以某种形式获得延续；如今很多公司都在制作 VR“影院”节目，把用户带到虚拟的传统影院中。然而，我认为随着更新颖、更激动人心的内容变得越来越普遍，传统电影产业的比重将大大下降。

那些选择开发更加注重可玩性内容的工程师依旧有很多机会改进 VR 游戏。在接下来的十到二十年（我打赌只会更早不会更晚），VR 游戏将完全取代传统游戏，因为 VR 体验实在是太有吸引力了，因此人们很快就会对传统游戏失去兴趣。对于那些声称“现有的很多游戏都不能和 VR 兼容，因此那些游戏将不会被淘汰”的人，我想说的是：传统游戏行业中那些类型的游戏已经变得过时，只需看看第一人称视角射击游戏（First-Person Shooters，FPS）就知道了。自 2001 年游戏《光晕》（*Halo*）推出以来，我们看到所谓的现代射击游戏一步步变得更加丰富具体，新游戏有更新颖的画面设计，更完善的玩法设置和更先进的人工智能（Artificial Intelligence，AI）。

不过，我们已经到达了这样一个阶段，那就是画质的提升所带来的影响大不如前。自《光晕》以来，我们不断添加新的方式让玩家能够使用特殊技能或装备，利用地势进行作战，驾驶各种各样的交通工具。此外，我们还让水平相当的玩家可以很容易地互相匹配进行在线竞技。那么我们到底还能如何改进，才能让 FPS 类型游戏的粉丝继续购买新的游戏呢？《泰坦坠落》（*Titanfall*）中倒是添加了从天而降的机甲部队，那是不是说十年后的 FPS 游戏里会有可以轰坦克的枪，而坦克的机关枪里射出的是燃烧的纸杯蛋糕？我开这个玩笑是想指出在 VR 化的射击游戏中，你可以在虚拟环境里做一名真正的士兵，而这将直接对抗 2D FPS 游戏。

从早前稍一动就会像亢奋的兔子般滑得老远（说的就是你呢，抽搐的狙击手[①]），到后来《光晕》和《使命召唤：现代战争》（*Call of Duty*: *Modern Warfare*）中更加实际的运动，FPS 类游戏在操作性方面也有很大的提升。降低 VR 游戏的速度也会提高可操作性。总的来说，如果你认为你的游戏不宜向 VR 进行转型，不如设想一下它的 VR 化替代产品是什么，因为十有八九的

① 属于对 COD 系列的讽刺说法。——译者注

玩家会选择更具吸引力的 VR 化替代品。

至此，我希望我已经让你相信 VR 将成为娱乐产业所经历的最具颠覆性的技术革命之一。你可能已经注意到 VR 将涵盖从被动式到交互式等各种类型的媒介，并与电影以及 2D 电子游戏竞争。最重要的是，我希望你能意识到 VR 内容制作是一个巨大的机遇，我们在 VR 流行之初创作的内容将会成为这个媒介发展的基础。VR 是娱乐产业的未来，你现在便可选择加入，而现在正是创新的最佳时机。

短期目标和长期目标

请注意：如果你既不是游戏开发者也不是玩家，你可以考虑跳过这一节。

要打造一款有趣的交互式游戏，其基础是为玩家设置挑战并且给予让他们能够满意应对挑战的方法。通过给玩家设立短期和长期目标，就可以让他们既对当下保持兴趣，又能够努力创造未来。我们大脑就是通过解决问题来获得快感，如果问题过于简单，即便我们解决了也不能获得很多乐趣；如果问题太难，我们就会心灰意冷地放弃。值得注意的是，对于问题的感知是重中之重：一个有挑战性的难题能够让我们在征服之后获得愉悦的成就感，但如果我们觉得自己毫无进展，就很有可能放弃。为了避免这一情况，一定要让玩家清楚地认识到自己的目标，并且能够看到自己的进展。

案例分析

假设我正在玩以下一款游戏。

我的终极目标是从大反派手中拯救世界，而我目前的任务是在森林里召集绿林好汉来加入我的队伍以完成我的事业。其中一个土匪告诉我，如果我能从反派的两个商队中偷走一些东西，我就能获得土匪的支持。于是，我走到路边静候商队的到来，成功地偷了东西——完成了我的中期目标，此时我的军队栏的数值也达到了扳倒大反派所需要的量。你会注意到，在完成这一任务时，我有短期、中期和长期目标，它们让我对任务保持着兴趣并且目标明确。

如果我只知道我需要打败反派，然后四处游荡完成各种随机的任务却不知道它们的意义何在，我就无法安排任务的优先级或明白它们的重要性；如果我知道我需要从两个商队中偷些东西，却不知道原因，我可能就会怀疑这么做对于完成我的使命是否必要，或者可能就直接从商队偷些东西但不去找那些土匪，这样就失去了他们的支持；如果我知道我得打败反派并且召集绿林好汉来壮大我的军事力量，但我并不知道如何召集人手，我可能就不知道下一步该做什么，在那里踌躇不前然后不得不放弃任务；如果我从一个商队偷了东西却没有任何提示告诉我我已经完成了部分任务，我可能就会怀疑我是不是偷错了车队，或者并没有偷成功；如果我去召集人马的时候，他们只跟我说了一句："谢谢，我们会加入你"，但没有任何的任务完成记录或反派起底任务进度条显示我离自己的长期目标更近一步，我就会感觉这一成就没那么重要，我可能会想也许不一定要这么做。当然，长期目标不一定（可能也不应该）在体验一开始的时候就揭晓，你应该努力让玩家和角色的动机统一起来，在角色足够成熟的时候揭示目标。

从这个例子中，你可以看到短期目标和长期目标共同作用，为玩家提供一个明确而有意义的方向。仅仅告诉玩家"嘿！这个家伙就是反派，他想毁灭世界，快阻止他"，并指望他们一直朝这个目标努力却不显示他们正在一步步解决这个问题是非常糟糕的。通过让玩家了解自己的进度可以让棘手的问题变得可控，同时也能让他们感受到自己的行动具有影响力。我提到的跟踪进度的方法可能对于你设计的内容的风格来说过于直白，但它强调了短期、中期和长期目标之间的不同。

交互密度

交互密度指的是在给定时间内玩家预计交互的次数。我把玩家对环境 / 角色的任何回应或行动都算作交互，这基本就是一个游戏中可做事情的密度。传统的游戏由于内存和成本的限制，交互的密度很高，其中一个代表就是街机游戏。类似《吃豆人》（*Pacman*）这种游戏，玩家必须不断地对鬼魂的运动作出回应，以保证他们的角色能够安全通过迷宫，因此整个体验是非常“紧张”的。随着技术的发展，拥有宏大背景的游戏成为潮流，这些大型游戏的真实度和探索世界的能力都有所提升，但却降低了交互的密度，因为活动的空间变得非常广阔。

凭经验而论，高密度的交互让玩家保持投入并且会增加脑力劳动强度，低密度的交互则让玩家处于较为被动的状态且大脑较为放松。根据你想设计的体验类型，牢记这一原则。不同的受众，交互密度的最低和最高阈值都有所不同——只玩《使命召唤》（*Call of Duty*）的玩家会觉得探索开阔世界的游戏很无聊，而喜欢玩开放式角色扮演类游戏（Role Playing Game，RPG）的玩家可能会觉得多玩家即时战略游戏（Real-Time Strategy，RTS）强度太大。无论你的受众是哪种玩家，你都应该尽可能避免让玩家无所事事（包括无所事事地瞎逛）。如果玩家觉得他们没有足够的事情可做或者做的速度太慢，就有可能会感到无聊。

03

VR 体裁

VIRTUAL REALITY INSIDER

Guidebook for the VR Industry

每个时代都会创造出独具一格的娱乐体裁，而VR时代同样将创造出其独有风格的娱乐，并升华现有的娱乐体裁。

在电子游戏行业中，游戏是按照玩法来分类的。比如：无论游戏是设在二战时期的德国还是 2093 年的太空飞船上，以第一人称枪战为主的游戏就属于第一人称射击游戏（First Person Shooting，FPS）。与游戏不同，电影和小说则是根据故事背景和情节构成来分类。电影或小说对于消费者来说是一种完全被动的娱乐体验，其细分类型还是以“电影”或“小说”来命名。因此，术语“体裁”用于电影和小说中是对单一娱乐形式内部进行区分，而在电子游戏中则是用来区分不同的交互娱乐类型。

出于本书的写作目的，凡是书中提到“体裁”的地方，我都是采用该术语在电子游戏行业中的定义，也就是对不同类型的娱乐方式的分类。VR 娱乐将推动当今所有娱乐体裁的发展，同时还将创造出全新的娱乐体裁。本章主要聚焦于 VR 娱乐，因为这将是 VR 普及的驱动力，也是 VR 行业发展初期收益的主要来源。不过，从长远来看，VR 将对各行各业产生影响，所以在本章的末尾我专门增加了一个小节，探讨 VR 在非娱乐领域的发展。

注：对于目前尚未命名的体裁，我所提出的命名方式是欢迎更改的。我只是提出建议，最终哪些术语会被沿用将由流行文化和相关行业的从业人员决定。

虚拟现实体验

虚拟现实体验（Virtual Reality Experience，VRX），亦称融入式叙事（Embodied Narrative）或交互式叙事（Interactive Narrative），像是电影和电子游戏的跨界结合——整个游戏都围绕着你想让用户体验的故事展开。玩游戏就是在讲故事，用户扮演故事的主角，并且要用主角的行事方式来成功通关，他们控制角色的运动和行为，同时运用角色的能力来推动故事的发展。

案例分析

比如说，在我的 VRX 游戏开头，我和一些陌生人坐在马路边的篝火前。突然，其中一个人拿出一把刀刺向离我最近的那个人。如果我只是惊恐万分地盯着看，他也会把我杀了。然后我会重新回到刺杀发生之前。这一次，当他拔出刀子的时候，我试图逃到马路对面，但不幸被一辆车撞了，于是我不得不再来一次。第三次尝试时，我试图用暴力对付持刀者，但我揍了他之后还是被他捅死了。由于我失败次数过多，我的眼前出现了一条简短的提示："你可以捡些东西充当武器。"于是，第四次的时候，我看到篝火旁有一把铁锹，我抄起铁锹杀死了那个持刀行凶的人。故事继续，其中一名幸存者认为他可以信任我，并邀请我去他位于附近洞穴的家中。在那里，他给我看了他失踪女儿的照片，并表示如果我帮助他找到女儿，就送我一笔钱。这时，如果我在特定的时间内不按任何按钮进行回应，或者我拒绝帮助他，他就会把我杀掉，我就得再试一次。当我成功地完成这次对话后，洞穴突然开始剧烈晃动，男子大喊“地震！”，然后向外跑去，如果我不及时跟上，就会被碎石活埋……

我举这个例子是为了说明线性故事是如何驱动玩家进行游戏的——玩家必须按照所扮演的角色的方式来行事才有可能活下来，并完成他们的目标。生存是最简单的驱动力，但随着玩家逐渐了解角色的长期动机，我们也可以抛出更有创意的驱动力。回到我刚才举的例子，假设随着游戏的推进，我发现隐居山洞的男子其实是一位躲避黑手党的百万富翁，如果我救了他的女儿，我就能够住上这辈子都没住过的豪宅。在之后的一次遭遇中，我找到了女孩和绑匪，但我的行动（或不行动）导致她被射杀，我发财致富的美梦就此破碎，这样游戏可能会回到那次失败的遭遇前。

此类游戏的关键是让玩家完全沉浸在故事中，并成为故事的主角，解决那些出现在即时环境中的挑战。它将丰富的电影情节、引人入胜的电子游戏交互性和 VR 沉浸感相结合，打造出独一无二的体验。

那么，你该如何设计一个 VRX 呢？一开始，和使用其他媒介进行创作类似，先想清楚你要叙述的故事，设计背景和主角。当你在做这一步的时候，牢记人物所见即玩家所见，你需要精心设计路线引导玩家，让他们始终保持投入。但也不要太过执着，毕竟后期有可能要根据故事的变化作出修改。你的目标是打造一个让玩家别无选择、只能对环境作出回应的体验。

确定故事大纲后（最好是详细的大纲），就要开始创作实际的体验。最容易的方法是从角色所处的环境入手，以分成场、节或幕的形式来组织。先为每个场景写一个简短的环境描述，然后把大纲中的要点串成线，让玩家只能沿着这条线推进剧情，同时尽可能考虑丰富多样的策略。玩家需要不断解决问题，所以你要努力让问题多样化，毕竟连续 20 次捡起石头砸别人的脑袋就很无聊了。

写下你心目中各个场景的操作方式，并且标注出玩家必须有所行动的地点。最理想的情况是，在大纲写好之前你就能够决定玩家所需的动作按钮。如果你知道玩家具体会用到哪些工具，你就可以据此设计体验。如果做不到这一点，就尽你所能进行预测并且作好在最终确定控制方式后需要进行较大改动的准备。控制方式最好比较简单，这样才不会让玩家太受打击。我目前正在设计一款科幻 VRX 游戏，预测将会使用到三个按钮：超能力按钮、身体对抗按钮和对话按钮（除了运动控制之外的按钮）。根据你期望的行为，你使用的按钮会有很大的差异（比如说，一个涉及很多谈判情境的 VRX 可能会使用攻势或守势的按钮，或者有展示人类特定情绪或手势的按钮）。

从主角视角进行创作之后，你需要思考玩家在每个部分可能做出哪些与设定玩法不同的行为，尤其是在行动节点附近的行为。尽可能想出多种解决方案或游戏无法继续推进的情形，设计必要的故事脚本应对反常玩家的行为。比如，如果游戏中的一个角色问了玩家一个问题，但玩家拒绝回答或者没有意识到他们需要作答，那么提问的角色可能就会加重语气再问一遍。如果还没有得到回应，他可能就会杀死玩家；又或者，玩家会被关进一间小黑屋里直到他们肯回答问题，非玩家角色（NPC）就会变着法子来拷问玩家。

灵活的调整和修改非常关键，特别是你将和一个团队合作来实现你的故事。故事的终稿必须引导玩家通过一系列的行动节点，每一个行动节点都要列出一个或多个失败的后果。

我给一个玩游戏的朋友描述这种游戏，他回应说："噢，这不就和快速反应事件（quicktime events）的游戏类似。"电子游戏中的快速反应事件指的是，过场动画提示你按下屏幕上显示的按钮来让你的角色采取特定的行动。尽管快速反应事件和 VRX 的反应系统有一定的相似性，但 VRX 提供的体验有本质上的区别。快速反应事件把你从角色的主视角中抽离出来，关键在于对屏幕上出现的按钮作出反应。但在 VRX 游戏中，玩家存在于角色之中，而且必须运用他们对自己角色能力的了解来应对环境变化。快速反应事件把玩家从角色能力组合和玩法选择中抽离出来，这实际上会破坏沉浸感。VRX 系统促使玩家思考如何运用角色的能力来解决问题，从而让他们始终保持角色的身份。快速反应事件是无意识的瞬间反应，而 VRX 中的行动节点是一系列的情境问题，玩家必须在限定时间内予以解决。

从根本上讲，VRX 的魅力来源于结合了临在感和解决情境问题的叙事方式。情境问题的解决不仅能够增加游戏交互的真实感，同时也逼迫玩家从角色的角度考虑问题，从而带来更深层的沉浸感。从长远来看，这种游戏体裁具有潜在的深刻意义。用马尔科姆·格拉德威尔（Malcolm Gladwell）的一万小时定律（如果你在一件事情上投入一万个小时，你将成为这个领域的专家）来解释，也就是消费这些体验的人在不断训练自己根据情境和手头的工具来解决问题的能力。这是非常锻炼人的，因为这类游戏以一种有趣且有吸引力的方式教会人们 21 世纪一项最宝贵的能力。美国科学家、卡耐基梅隆大学计算机系教授兰迪·波许（Randy Pausch）就曾谈到过模拟情境教学法。比如说，孩子们参与团队运动，其实就是通过一项有趣的活动学习奉献和合作精神，孩子们虽然想的只是比赛，但在这个过程中学会了重要的品质。同样地，任何年龄的玩家都可以在有趣的体验中培养和锻炼自己解决情境问题的能力。这样的体验自然比花大量时间猛按一个按钮对着坏蛋一通乱砍要有意义得多。

VRX 的剧本作家在游戏制作一开始就担当十分重要的角色。就像电影工作室需要一个脚本才能开始制片一样，一个 VRX 团队在投入工作前，也要先对故事情节和背景有一个清晰的概念。剧本作家必须密切参与体验的设计过程，因为对于这种类型的游戏来说，故事情节是强大的驱动力，如果你的玩家对接下来的故事情节不感兴趣，那么无论玩法多么高级都没有用。对于故事情节的依赖意味着，此类游戏的剧本作家比其他游戏类型的剧本作家更需要讲出一个引人入胜的故事。同时，由于最大的吸引力来自于你的故事，所以你必须保证你的故事拥有足够广阔的受众市场。

在此之前，我们只讨论了 VRX 中的线性叙事。因为这种故事结构是最容易写的，需要的资源也是最少的，所以对于小团队来说操作简单。不过，非线性结构的故事，也就是自己可以选择自己的故事，这样的 VRX 是另一种非常有吸引力的形式。它让玩家能够影响故事情节的发展，增加体验的真实感。

单人 VRX 游戏一定是最容易构思的，但如果有多个玩家该怎么办呢？在这种情况下，你必须设计一个需要由两个或两个以上角色共同完成的体验和故事，让玩家必须从团队的角度解决问题，同时也让人们可以共同享受而不是单独享受游戏体验。

我认为，VRX 将成为虚拟现实中最好的娱乐媒介之一，预计它在未来将成为和电影或 RPG 游戏一样常见的体裁。

VR 影院

我把任何被动式 VR 体验，即用户无法对环境产生影响的体验，都归到 VR 影院类别中。严格来说，用户就是一个旁观者。我认为，这一类别可以分为两大阵营：用户只有头部运动但对自己看到的东西毫无控制权的体验，和用户拥有一定程度运动控制权的体验。

我们先来讨论一下完全被动式 VR 体验。这显然是好莱坞电影体验的进化版。Jaunt 公司打造了一个球形摄像机组用于拍摄 360 度视频，把真人实景电影搬上了无论你转头幅度有多大都不会看到边缘的大屏幕上 。Jaunt 公司使用其开发的软件把不同角度的摄像头所拍摄的内容进行无缝整合，他们最新的科技采用光场捕捉技术，允许进行 3D 捕捉，当观众左右环顾的时候看到的将是具有 3D 深度的立体场景，而不仅仅是一个平面的 360 度全景视频。其他制作 VR 电影的方法包括 3D 激光扫描和高动态范围（High Dynamic Range，HDR）摄影，可以实现逼真的实时 3D 捕捉。Jaunt 公司用摄影测量法把不同位置、不同类型的摄像头所收集的数据拼接于一个 3D 环境中，还用该技术制作了样片《崛起》(*Rise*)，让人们可以从多个角度观看电影中的某一个时刻。

尽管电影制作者在 VR 电影体验中掌握的控制权与在普通电影中一样，但仍有一个非常大的区别：由于人们想看哪里就能看到哪里，所以制作方必须使用声音和视觉提示来引导用户的视线，而且需要设计镜头 / 场景让用户无论朝哪个方向看都能够沉浸在理想的环境和心情中。VR 电影的写作风格和剧本的写作风格非常类似，但 VR 电影的创作需要对每个场景中的环境（包括用户周围的所有情况）作更详细的诠释，同时你必须设计恰当的方式来改变场景和画面。比如说，传统电影中的对话场景可能包含镜头角度的多次变换，但在 VR 中同一个场景最好保持拍摄角度不变。具体的做法最终还要通过实验不断完善，而这目前还属于未知领域。

这种强大的 3D 虚拟现实电影是在 IMAX 影院沉浸感基础上的一次提升，并让用户可以在家中享受这种体验。对于那些只想放松一下、被动享受故事的人来说，VR 影院是个不错的选择。尽管交互式体验会更有吸引力，但有时人们的确不想思考。而那些处于游戏文化之外的人，特别是那些从小到大没怎么玩过游戏的人，可能对玩虚拟现实游戏没有任何兴趣。如果这些潜在消费者认为 VR 设备可以把 IMAX 3D 体验带回家中，或作为一个 360 度图片 / 视频浏览器，那么他们就更有可能使用 VR。这对于整个行业来说是件好事，因为这意味着将有更多的资金投入到硬件提升当中，也让不温不火的 VR 消费者有机会接触其他的 VR 媒介。

另一种被动式 VR 体验让你沉浸在数字环境中，并且能够四处走动、转动头部。但你像个鬼魂一样，只能够默默观察，无法进行任何交互。这种体验可以让人沉浸在一个动态的环境中，观看故事情节的展开。

这种体验的优点是能让用户觉得自己真的身处某处，还可以旁观事件的展开，自由地探索。比如说，体验开始，用户身处的城市突然遭到外星人袭击，用户可以选择看着外星人在街道上大肆破坏，也可以切换到建筑物里，看那些躲起来的人之间充满戏剧性的对话。这种类型的体验，既让用户有更多的自由，也给予他们更多的探索空间。开发者可以通过传统的方式改变场景，还可以根据时间线来改变用户的探索范围，如用户一开始可能在一片沙滩上，但接下来他必须踏上木筏故事才能继续下去。

这种体验类型的布景和舞台剧类似。你可以创建一个玩家能够在其中自由运动的环境（但是需要让他们待在叙事中心附近），并在 3D 空间内搭建场景，其特别之处在于你可以在环境中放置有趣的线索供玩家寻找。举个例子，假设在嫌犯的卧室里有一个问讯的场景，玩家可能走到侦查员没有注意到的一个打开的抽屉旁，了解到这个案子一些耐人寻味的细节。写这样的场景就和写舞台剧本类似。你在玩家可探索的范围内写下这一幕的情节，同时要让玩家能够从不同角度进行观察，如果玩家还能够近距离观察场景中某些物品，那就更好了。

Visionary VR 是个挺有意思的项目，它模糊了被动式 VR 影院与基于头部运动的交互性之间的界限。该系统在视野范围内设有多级无形边框画面，并根据你视线的落点来改变展示的内容。一级画面位于玩家正前方，大部分剧情都应呈现在这个范围内。不过，当你的目光接近画面边缘时，画面上的剧情就会放缓以给你视觉上的提示，当你的视点越过一级画面落到二级画面时，一级画面的剧情就会停止，以保证观众不会错过任何的剧情。二级画面到三级画面的转换也是使用类似的技巧，甚至可以开放场景环境的交互式探索、迷你小游戏或者各种会对一级、二级画面内容产生真正影响的活动（比如，在 Visionary VR 公司给出的介绍视频[①]中，一位玩家在探索过程中打开了三个箱子中的一个，然后当他回到一级画面时，就发现画面中的一个角色拿着箱子中的东西）。

此外，Visionary VR 还在研发一个在 VR 内创作 VR 影视内容的系统，旨在简化内容创作过程——可以直接把相机、物体和角色拖入虚拟环境中，通过动作控制器（如 Oculus Touch 或 Vive 控制器）来控制声音和时间轴——简单来说，就是 VR 版的 3D

① 该视频可以在译者博客 yivian.com 搜寻关键字“Visionary VR”找到。——译者注

iMovie[①]。类似的 3D 内容创作平台让电影制作者无需编程知识就能够创作 VR 体验，降低了入门门槛。

探索类游戏

围绕探索虚拟世界展开的游戏在 CV1 VR 阶段有很大的发展前景。VR 临在感让人感觉自己身处一个真实的世界，而这代产品的局限性使动作较慢的体验更受青睐。探索类游戏充分利用充满乐趣的开放世界，避免了快速运动游戏中可能出现的模拟器眩晕症。但话又说回来，与高速运动的游戏相比，探索类游戏就没有那么广泛的吸引力了，因为大部分的消费者都不太关注这类游戏。这并不是说探索类游戏就会很无聊，只是说如果你的游戏节奏太慢，没人会感兴趣。不仅游戏的环境要能让人们提起兴趣，还要设计一定的情节和目标。如果你设计的探索类游戏只是告诉玩家"世界这么大，尽情享受吧"，那是不足以吸引回头客的。你要创造出一种代入感，但又不能让人不知所措。

例如，最近正在开发的游戏《无人深空》(*No Man's Sky*)就设置了很大胆的目标：玩家可以探索无数星球，上面的景观和生物都是随机生成的；也可以和其他玩家一起探索宇宙。就游戏本身来说，这个想法很酷，但如果这就是游戏的全部，而没有其他

① iMovie 是苹果公司出品的视频编辑制作工具。——译者注

的目标或冲突，游戏带来的新奇感很快便会消失。所以，在这款游戏中，每个玩家除了要整合资源、寻找特殊道具外，首要目标是到达宇宙的中心。从根本而言，探索类游戏的玩家不仅仅满足于欣赏酷炫的 3D 环境，只有当他们能影响游戏环境或被游戏环境影响的时候，这款游戏才真正值得他们花时间玩。

我们要记住无限世界带来了新的可能性。如今的技术已经达到能让玩家在虚拟环境中无限前行的水平，如何创建和利用一个无限的环境因每个游戏的目标不同而异。我们大可以去改进《我的世界》（*Minecraft*）首创的种种玩法，但只有当无限环境有助于提升玩家的体验时才能使用。环境并不总是越大越好，其中的设计还要迎合玩家的口味和兴趣。

桌面游戏进化史

桌面游戏出现于公元前 3500 年，当属最古老的游戏类型之一。如今有许多桌面游戏可供我们选择：从全凭运气的蛇梯棋，到全靠技术取胜的 1V1 游戏国际象棋，等等。桌游根据其玩法含有不同程度的运气成分。新近的游戏不仅要有好的玩法，还需要角色、布景和驱动力来吸引玩家。VR 既有竞技场的优点，让每个人在其中社交，又突破了物理世界的局限性。很多桌面游戏都将从这一次的升级中获益，未来甚至会出现我们这一章节中未涉及的游戏类型。桌面游戏非常适合 CV1 VR 时代，因为玩家只需要静静地坐着便可以玩这类游戏，不用担心会出现模拟器眩晕症。这一节中，我们会详细讨论几个特别有意思的升级版 VR 桌面游戏。

首先，我想谈谈微缩模型类桌面游戏。目前，有一大批忠实的玩家热衷于回合制策略类游戏——他们可以带领一支由小雕像（微缩模型）组成的军队与敌军对抗。《战争机器》[①]（War Machine）就是一款“微缩模型战争游戏”，其中每个玩家组建的军队都有各自的优势，然后使用预制的或自定义的战场轮番开战，设法杀死对方首领（被称为战争筹划者[②]）。玩家在每个回合可以分配一定数目的“加强点数”来用他们的方阵进行移动和出击，并通过掷骰子来决定某些概率因素（比如应对进攻所造成的伤害值）。这些方阵所处的虚拟世界为玩家掌握的每一个方阵增加了深度，并为玩家提供了角色扮演和故事创作的空间。

如果把此类游戏导入 VR 中，突然间游戏人物都会变得栩栩如生：被用来代表湖泊的蓝纸变成了一片虚拟水域，你不再只是挪动简陋的棋盘上静态的一兵一卒，而是对着一支活生生的部队发号施令。《战争机器》游戏的 VR 化很容易实现，如果能够辅以一定的数字收费模式则更好。只要使用得当，采用游戏本体免

① 知名兵人桌面战棋。——译者注

② 指兵人棋盘推演中类似国际象棋国王的棋子，击破即相当于一方失败。——译者注

费，但是玩家可以付费解锁数字道具或加速解锁单元的收费方式将大有前途（如英雄联盟）。当然，一次性付费的收费模式也同样可以采用（或者结合多种不一样的收费模式）。不过，游戏的收费方式不应该影响玩家的游戏体验，应当避免对单次付费用户进行过多的限制。

卡牌游戏和微缩模型游戏一样，能够从 VR 游戏带来的 3D 绘制中获益。《游戏王》（*Yu-Gi-Oh*!）或《万智牌》（*Magic:The Gathering*）的玩家早就想和他们的卡牌一同战斗了。如果游戏的 3D 绘制技术运用得当，玩家便可作为卡牌战争的指挥官指导战斗。想一想卡牌本身给游戏带来了什么？卡牌实际上为游戏带来了无限的随机性，让每一场游戏都不一样。事实上，一副 52 张的卡牌的组合是无法全部都玩一遍的，就算从人类出现之时到现在，世界上的每一个人每一秒就尝试一种新的可能，也不可能穷尽。假设每一张牌都不一样，可能的排列组合数为 52!，可能性比 8 × 10^67 种还要多。这一随机性让游戏长期以来既有趣又有新鲜感，因为玩家在游戏中和在现实生活中一样，必须应对意料之外的状况。这一随机性因素使得卡牌曾经是最容易获得多种玩法的游戏类型。

然而，VR 的融入让这些“随机性发生器”有了新的形式。比如说，玩家可以收集一系列的魔法石取代卡牌，每一回合就从包中抽取一块；或者建设一个文明，每次完成培训的新人将随机带来不同的资源。这一文明的作用和一副卡牌一样，是一个随机性发生器，“抽牌”就是征募该文明的一个公民。以上只是几个例子，但关键在于开发者可以把传统的桌游以新的形式呈现给玩家。

这种融合带来了一种特别有趣的可能性，那就是利用 VR 无穷无尽的可能性，开发具有社交性的新桌游。20 世纪 90 年代的电影《勇敢者游戏》（*Jumanji*）描述的是一群人在玩魔法桌游的时候把游戏丛林里的生物和事情带到了现实世界。为了让一切恢复原状（并逃过游戏里危险物种的追捕），玩家必须用他们的卡牌走到游戏的终点，通过掷骰子来不断前进。VR 技术让人们可以以类似电影中呈现的方式来玩《勇敢者游戏》：玩家在虚拟的棋盘上展开游戏，棋盘上会随机出现各种挑战和生物。其中一种可能的做法是设计类似于《勇敢者游戏》的游戏——谁输谁赢并不重要，重要的是玩家齐心协力应对游戏中出现的险境。另一个技巧则是把这些险境作为游戏的竞争性挑战。或者你决定不把它改造成某种特定类型的游戏，只是把它做成动态的桌游；又或者让玩家通过第一人称视角来玩桌游，等等，你还有很多不同的选择。

你或许可以从成功的数字桌游当中获取灵感。《马里奥派对》（*Mario Party*）就是任天堂设计的一个数字桌游系列，游戏中，四名玩家共同竞技，尽可能收集最多的星星，同时每轮还有迷你游戏（走到不同的方格上面会有不同的要求）。这个系列十分受欢迎，15 年内出了 9 个版本。这并不令人意外，因为这个游戏玩法有趣，也适合多人竞技。虚拟现实技术非常适合迷你游戏，因为VR有了新方法控制玩家的输入（比如倾斜头部），更为迷你游戏的创新提供了很大的空间。

VR桌游唯一的缺点就是，每一位玩家都必须有一台电脑连接着VR头显。相反，玩《马里奥派对》等电子游戏时，四名玩家可以同屏体验，实体的桌游则是大家围坐在一起玩。也就是说，这类游戏是要设计成和朋友一块玩的。不过，沉浸在头显当中也不一定会让这个体验的社交性下降。人们已经把电脑接入局域网进行游戏狂欢，虽然在不同的屏幕上玩，但大家都在同一个游戏房间里。VR桌游可以把你的身体动作呈现在玩家化身身上，让其他的玩家看到你的身体和动作。除此之外，玩家还可以通过网络和不在身边的朋友一起玩，再加上语音聊天的功能，就和大家在同一间房里玩游戏感觉无异了。这非常棒，因为这让我们能够用接近现实的方式与那些因为实际相距甚远而无法相互交流的人进行交流。由于这种游戏类型是实体游戏的替代品，所以游戏化身的临在感要尽可能地强。如果VR桌游里的其他玩家感觉并不像真人，那这个体验就会较为孤独。

角色扮演游戏

要理解RPG的未来，我们就要先回顾一下历史，再看VR技术可以如何发扬RPG的优点，改进其缺点。自20世纪60年代以来，RPG 游戏不断优化升级，深受玩家喜爱。最初角色扮演主要用于对历史的重现，后来应用于魔幻战争类游戏中，《龙与地下城》(*Dungeons & Dragons*) 把桌面 RPG 游戏带入了大众视野，获得了众多的拥趸，让人们共同讲述一个故事。很多人都享受成为别人的感觉，享受应对和现实生活大不相同的情况。更加重度的 RPG 玩家则开始加入临场动态角色扮演游戏 (live action role-playing，LARPing)。讽刺性的是，这在最开始是 RPG 游戏体裁的基础。他们聚集装扮成自己想象中的角色，模仿角色的言行举止，来讲述一个故事或者演练一场战争。有了电子游戏后，数字 RPG 应运而生，人们可以在电脑上进行 LARPing，后来出现了大型多玩家在线 RPG (Massive Multiplayer Online RPG，MMORPG)，让数以千计的玩家可以在线进行角色扮演。

有趣的是，RPG 电子游戏的玩法变得非常重视数据和角色升级。在传统的 RPG 游戏中，你控制一个（或多个）角色，在游戏世界中完成任务赚取经验值（一般是通过杀怪或完成某些要求），经验值越多你的角色级别就越高，到了一定的级别你的角色就可以根据自己的需求把经验值分配到技能树的不同技能上。比如说，如果我在 RPG 游戏中扮演一个三级木精灵，级数达到三级，我可以选择把我新增的两个技能点用于射箭，每个点能让我射箭的攻击力增加 10%；我也可以把它们用于一种新的技能——回血，每一点可以让我每秒恢复 5 点体力值 (health point，HP)，或者我还可以每个技能分配一个点。这种技能自定义的设定已经成为RPG 游戏中的一大准则，也符合文化预期，但远不是 RPG 游戏框架所必需的。

RPG 游戏还未能充分发挥角色扮演游戏魅力的来源：协作交互式叙事手法。当人们想象自己是一个虚构的角色时，其实有比努力优化技能组合更高级的认知奖赏。这并不是说角色扮演类游戏的标准设定没有吸引力，如果它们不好玩，也不会这么受欢迎。但内容开发者需要打破 RPG 体裁内部这一逐渐变得局限和僵化的传统，其中的一个做法就是通过 VR 消除对想象的丑化。

那么什么是消除对想象的丑化呢？目前，主流文化大多贬低 LARPing 等活动，就连 RPG 桌面游戏《龙与地下城》也被主流文化认为是古怪的，是“极客和书呆子”的专利。所幸随着“极客文化”成为主流，这一认知开始发生转变。但 VR 将大大加快人们对角色扮演的接受程度。这是因为 RPG 电子游戏将实现一次进化——玩家不再只是控制自己的角色，而是进入虚拟角色，与自己的角色融为一体。又因为 RPG 电子游戏是为主流文化所接受的，所以人们对 LARPing 的消极态度也会完全消失，尽管 VR RPG 游戏本质上就是数字世界中的 LARPing。这样一来，向群体性叙事、关注体验而非角色升级的飞跃就会容易得多。毕竟，在日常生活中你什么时候会想“我需要和五个人聊天来提高自己的沟通技能”呢？玩家希望沉浸于自己的角色中，一个强有力的做法就是把游戏设计成能够让玩家像他们的角色那样作出反应，把重点放在玩家的行为上，而不是如何获得个人能力上（也就是他们如何运用自己的能力，而不是如何获得某种能力）。

牢记这一点的同时，我们再来评估一下“刷任务”。刷任务是电子游戏中重复完成一项任务以让角色不断升级的机制。好的游戏不应该让玩家不断刷任务，因为这会让玩家感到无聊，不仅把玩家的时间浪费在无趣的事情上，而且还无益于提升他们的技能。其中一个例子就是你需要杀 200 个一模一样的敌人来提高你的力量值，而这 200 个敌人的进攻方式等都是没有变化的。就像我们之前提到的，缺乏挑战会让大脑觉得任务很无聊，而重复性的任务则更没吸引力。

那么，我们如何才能打造不需要重复刷任务的体验呢？首先，我们需要审视刷任务的功能，即通过升级或收集道具来提升玩家在游戏中的能力。能力的提升是通过重复完成同样的任务，获得数值上的增长来实现的。解决这一问题最显而易见的一个方法就是设计一个能力体系，让玩家在游戏中不断进步以实现自己的目标。不过这真的是说起来容易做起来难，特别是在多玩家的游戏中，尽管如此但还是可以实现的。比如说，当下全球最火的游戏《英雄联盟》（*League of Legends*）采用的就是传统的 RPG 元素，但却完全避开了刷任务。玩家需要杀死非玩家角色（NPC）小兵来升级，并获得金币购买更好的装备，但你必须在“经营”这些小兵的同时，根据对手不断调整自己。尽管你在每一次游戏中做的都是同一件事（杀小兵），但你面临的挑战一直都是变化的，因为你得根据其他玩家的行为来采取行动。此外，增加真实的不可预测的危险也是把刷任务行为变成有趣挑战的一个有效方法。

对于那些不执著于传统角色升级体系的 RPG 游戏，在玩家能力提升机制上也会面临新的问题。当玩家遇到一个新的挑战时，他们可能没有足够的技能来完成这一任务，他们也不能通过刷任务来刷各种数值，如果他们认为任务超出了自己的能力范围，他们可能就不会再玩了。在技能型游戏中，想玩得好就要不断地练习。所以，你可以用教育性的体验式练习取代重复的刷任务，这或许是提高玩家技能的有效方法。有些玩家可能不需要培训就能够克服你设定的挑战，但有这样一种帮助他们练习某些玩法，教他们如何应对某些挑战的机制可以保证玩家能够达到所需的技能要求。问题的关键在于这个过程一定要足够有趣，让需要这种训练的玩家愿意进行训练，而不是宁愿被无法完成的挑战击垮。因此，你可能需要为练习设置一定的奖励和激励机制，这就和刷任务犒劳玩家的方式类似。但玩家需要真正应对挑战学习技能，而不是不用动脑狂刷数据。要防止玩家为了得到奖励而进行练习，练习的目的是提升技能，奖励只是锦上添花。如果玩家已有必需的技能，但为了获得奖励而继续练习，那就和刷任务无异了，这就让练习丧失了意义。为了防止这一点，你要确保你给的奖励不会太大。

我想在这一节的最后谈谈虚拟现实 RPG 的意义。现有的技术已经能让角色的样貌和声音与我们一致。斯坦福大学的一项研究表明，人们在 VR 中的行为和现实生活中的行为非常相似。我们的大脑潜意识里认为虚拟现实是真实的，尽管我们的意识里清楚地知道它不是真实的。比如说，在一个“陷阱展示”中，人们必须走过铺在 VR 深坑上的一块薄板，尽管他们知道自己在一个安全、平坦的房间内，他们还是情不自禁地害怕会真的掉下去。另一个实验里，当人们在 VR 中和陌生人互动时，他们会根据等同于自身文化背景的气泡空间[①]来作出回应。不同文化对于日常社交行为的接受程度是不同的，可以通过可计算的距离表示出来，而人们在虚拟空间中的行为依旧遵循这一距离。如果你在设计 VR RPG 游戏，你应该考虑研究社会物理学和社会行为学，并且牢记人类心理学的基本原理可以直接应用于虚拟现实。

一个成功的 VR RPG 游戏会十分引人沉迷，因为玩家在里面成为了他们梦寐以求的样子，并且还获得了前所未有的真实感。人们已经在互联网上过着多面的生活，这些生活在 VR 的渲染下将变得更加真实，最终我们将到达现实世界与虚拟世界之间变得

① 指的是萨默“隐形气泡理论”，即每人都有一个不愿被其他人入侵的自己为中心的弹性空间范围，但根据各自半径不同——随背景、性格、教育等而不同。——译者注

无法区分的境界。你的玩家将把大量的时间倾注在你设计的游戏上，所以我希望你创作的体验能够对他们的生活产生积极的影响，最好能教会他们重要的技能（还记得障眼法吗？）。这里面的可能性几乎是无尽的，同时我也期待看到你如何使人们的幻想成为现实。

案例分析

以下是一款使用协作交互式叙事的 VR 游戏。想象一下你置身于一个游戏当中，里面的四个人都以虚构角色的第一人称视角玩这个游戏。你是游戏的管理者，通过自上而下（“上帝视角”）的视角俯瞰一切的角色和环境。你负责把敌人、物体、房间和其他物品放入 3D 世界内，其他的玩家必须在 3D 世界中不断探索，应对威胁，实现特定的目标。玩家在角色扮演的同时，互相之间也有互动。游戏管理者需要打造一个玩家渴求的有趣故事。没错，我刚刚描述的就是 VR 版的《龙与地下城》，并强调了玩家如何拥有不同级别的角色。你也可以限制游戏管理者的能力，让他们更像一个半人半神的角色，或者是一个所有玩家共同对抗的强大巫师，是所有玩家要对抗的敌人（《火柴人联盟》），或者玩家必须在拥有纵观全局能力的角色的协助下，分成两队进行对抗。

大型多人在线游戏

MMO是指能够同时支持大量用户同时在线的游戏。出于对连接设备、即时监控和升级的需求，通常MMO成本要比其他游戏类型高得多。当人们能够相互连接，一起玩VR MMO游戏，我们关注的则是创建更加复杂多样的平行宇宙和生活。

提起MMO，很多人马上就会想到超元域（Metaverse）——1992年Neal Stephenson小说《雪崩》（*Snow Crash*）中创造的一个词。它本身的含义是所有的虚拟世界和现实世界，不过人们通常用它来指代一种特定的VR MMO，即一个开放的VR世界。人们可以在其基础上进行建设，打造出一种伪现实。《第二人生》（*Second Life*）、OpenSim和High Fidelity都是类似于超元域概念的世界。在那里，每一个个体都可以为公共空间和自己的私人空间添加新物品，同时也可以参观别人的建设成果。《玩家一号》（*Ready Player One*）一书中也描绘了一个单一的VR世界，每个人都走出中心区，获得更多不同的体验。尽管超元域这一概念已经在一些平台得到了诠释，但我们或许会看到一种不同形式的超元域慢慢成形。所有人不会都登陆同一个MMO游戏，他们将根据自己的喜好来选择体验。

预计很多不同的游戏体裁都将采用MMO类型，也包括为多种类型的玩家提供体验的MMO。比如，同一个MMO游戏世界在整体上可以是一个 RPG，但提供不同的技能提升途径，每一条都有完全不同的玩法体验：要成为一名纯熟的铁匠，你可能必须解开难度越来越大的谜题；而成为一名战士可能就要浴血奋战，完成目标。这是属于“每个人的游戏”，其优点是在共同的社区中有各种各样的玩法和技能组合，但缺点就是成本大大增加，因为从本质上来说这就是要在一个游戏中包含多个不同的游戏。我认为随着制作 MMO 游戏的成本逐渐下降，这种游戏类型会不断增多。

MMO 拥有巨大的增长潜力，其力量在于打造一个集社交、竞技和协作为一体的社区。VR 技术将让 MMO 中的互动和度过的时间变得更加真实，更有吸引力。

VR 仿真应用

虚拟现实模仿现实世界的能力极其实用。正如我之前提到的，斯坦福大学的研究人员已经发现从认知的角度来看，人们在虚拟世界中的行为和在现实世界中的行为十分相似。这让一些原本在实验室控制环境下不可能实现或很难实现的社交实验成为可能——实验的每一部分都能够得到完美的控制，每个实验者所接触的情景都是一样的。而且 VR 能够记录巨大的数据量：每一次的眼部运动、身体动作、声音、数据输入、心跳等都可以被记录下来，这正是研究者所梦寐以求的，你可以用任何标准对任何参与真实社交情境的实验样本进行测试。从我的角度考虑，这就强调了数据安全和隐私的重要性。VR 足迹可以描绘出极其完整的信息，如果数据持有者想人肉搜索数据的来源是很难被阻止的，因此创新数据处理方式非常必要。

多年以来，军队一直在使用 VR 仿真技术。Link 航天设备公司（Link Aviation Devices，Inc.）在 20 世纪二三十年代就已经制造出能够像真实飞机一样摇摆的飞行训练器来模拟夜间飞行。近来，数字 VR 被用于训练士兵的作战能力和策略水平。尽管军队使用 VR 由来已久，但直到现在消费级的技术才逐渐出现。能够让人们在不受伤的情况下进行危险环境的训练，这一技术是无价的。

仿真应用还可拓展到健康医疗领域。使用 VR 来训练外科医生已被证明是非常有效的做法，而且也不需要用到传统训练方法中所用的尸体，这大大降低了训练的成本，因为尸体无法循环利用，也让培训的准备工作变得更加容易。VR 技术也为物理疗法提供了便利，使用好玩的物理疗法游戏吸引病人的兴趣，让原本枯燥、痛苦的康复过程变得有意思。比如说，让扭伤脚踝的病人用脚控制飞机来进行康复。

以前无法完成的大型仿真和研究也可以在 VR 中实现。最近的一项研究使用了蚂蚁来测试在恐慌情况下不同的出口布局带来的影响。之所以选择蚂蚁，是因为它们的群体移动和人类有很多相似之处。不过，在 VR 中我们可以用真人来测试这种行为，我们可以设计一个 VR 实验把人们集中在一个房间里，告诉他们必须活下来才能获得赏金，而且当房间着火时必须逃出房间（我只是举个例子，并不清楚开展这个研究的最佳方式）。

我们对现实世界中的经济运行规律知之甚少，这方面的实验数据也相对有限，毕竟要使用能够代表相应经济规模的数量的经济人口进行实验，其工作量大得吓人，而且和人们的生计打交道也是非常棘手的事情。不过，我们可以在 VR 中设计一个大型实验，给实验对象一定数额的资金，让他们参与到一个有趣的、可交互的世界里，这样就可以帮助我们了解到某些事情的运作规律，并检测我们的经济政策是否有效。当然，实验最终要如何实施是实验设计者必须解决的一个问题。他们可能需要设计一个足够吸引人的游戏，游戏的目标就是能够从头实施这个实验。出于道德原因，实验设计者必须提前告知玩家实验过程中可能会出现玩家无法察觉的一些操纵手段。《星战前夜》（*EVE Online*）就是一个 MMO 游戏，让众多重度玩家在一个繁荣的经济环境中共同生活。经济学家曾戏称可以使用这款游戏来教授经济学课程和开展经济学实验，但最终他们认为游戏中的经济环境和现实还是相差太远。设计出一款作为经济学实验沙箱使用的 VR MMO 游戏对于全人类来说意义重大，但这无疑需要经济学家和游戏设计师之间大规模的协作（还要有足够的资金做后盾）。

同样地，社会物理学也是一个使用大数据研究人类社会思想和行为交流的新兴学科，从 VR 中获取的大量数据将有利于该领域的进一步发展。

仿真在科学和工程学中的应用已十分广泛，而且还将呈上升趋势。之前有一个实验室因为成功模拟出大爆炸后的宇宙而获得了媒体的大量关注。在虚拟和现实中的测试原型变得前所未有的容易，特别是与 3D 打印技术结合之后。VR 让科学仿真变得“可摸可感”，增加了人们动觉上的体验和理解。能够用双手更直观地开发是非常有用的，可以零风险使用危险或昂贵的材料和设备。比如说，工程师可以放心大胆地通过用双手操控系统结构来优化核能体系，而不用担心会有危险发生。

VR 色情文化

终于到了探讨这个大家都心照不宣的类型了。VR 色情产业具有无限潜力，且使用 3D 艺术制作的内容很有可能会是最成功的一种，因为它们将更容易变得个性化。通过电脑控制的性爱工具，也就是远程电子性玩具已经在不断发展。RealTouch 设备接收一端的真人输入，然后控制另一端的输出，使男性可以通过网络摄像头进行性交。由于人们很希望在线与真人或假想人物发生性行为，因此远程电子性玩具产业将更加快速地发展。

我们要考虑的是，随着 VR 和远程电子性玩具技术的进步，

VR 性爱和色情将完全超越“现实生活”的性爱体验。很多人认为这一发展是消极的，但我想请你从另一个角度考虑这个问题。当 VR 性爱与色情比真人性爱更好的时候，恋爱关系将会完全取决于你和一个人的精神交流，而不是你们之间生理上的化学反应。这将会让恋爱关系变得更加丰富，因为人们彼此间的交互不再基于外貌的吸引力和我们大脑的原始冲动。

旧体裁新演绎

动作类。这是一个极其广阔的领域。在 VR 中，动作类游戏必须保证体验的舒适性，能够有效利用第一人称视角或深度沉浸感的游戏将大红大紫。

格斗类。想象一下在 VR 中玩《任天堂明星大乱斗》（*Super Smash Bros*）的情景。3D 格斗游戏存在这么一个问题：在 2D 屏幕上判断目标移动和格斗的深度信息是非常困难的，这也是为什么即使游戏中使用了很多 3D 图像，游戏界面还是只能横向滚动（只允许 2D 移动）。VR 中的空间感会更强烈，所以我预测格斗类游戏将使用新的策略，跳出传统的横向卷轴界面，变得更加立体。

运动类。运动健身类游戏是体育锻炼的未来。当我们能让人们戴着 VR 头显在一小片空间内移动自如（也就是不会撞墙）时，锻炼可以变得游戏化，也可以设计得更加有趣。毕竟，体育运动出现的原因就是要让战士通过有趣的方式保持身材。VR 让人们可以进行那些在“现实”世界中无法进行的运动，比如你可以在火星上的障碍赛跑场地进行一场高强度的体力竞赛。

赛车类。人们可以在任何地方驾驶任何的交通工具，并且免于受伤。VR 赛车游戏让你在座舱里享受沉浸感最强的赛车体验。

射击类。VR 射击游戏中的运动速度将下降，以防止出现模拟器眩晕症，但同时沉浸感会上升以弥补速度下降带来的不足。预计随着 VR 开始模仿和改进漆弹游戏、激光枪战和软弹气枪这类现实射击类游戏，它们在现实生活中的受欢迎度将下降。

策略类。策略类游戏的其中一个方面将吸引更多的关注，那就是俯视或“上帝视角”与第一人称视角的结合。由于第一人称视角在 VR 中的效果很好，因此可能会出现你既是指挥官又可以以第一人称加入战斗的游戏。

冒险类。正如之前讨论的一样，探险类（冒险类游戏的一部分）游戏的内容将增多。VR 将赋予冒险类游戏新生。最好的冒险类游戏将融合沉浸感十足的探险和丰富的故事情节，因为 VR 有能力制造神秘感，也能让用户获得逼真的故事体验。

解谜类。随着输入方式的增多，将会出现不同形式的解谜交互方式。

非娱乐式 VR

本章大部分的关注点都落在 VR 娱乐体验上，因为这一部分将成为 VR 普及的主要推动力和早期 VR 产业收入的主要来源。不过，VR 的用途非常丰富，这本书是无法一一进行描述的。尽管 VR 在发展初期将和娱乐产业紧密联系，但 VR 的核心是计算平台的升级。我预测，在 2025 年之前 VR 和 AR 的普及程度将和 2015 年智能手机的普及程度相当。这一预测并不是异想天开，而是人类发展至今的必然结果，也是防止社会完全崩溃的必要手段。具体原因请容我细细道来。

我们一直在改进屏幕技术和提高分辨率。就目前的质量而言，CV1 头显的画质略逊于现有的显示器，但随着屏幕技术的不断进步以及电脑运算速度的提升，最终 VR 头显的清晰度将和传统屏幕别无二致。到那时，没有人会再买显示器，因为花差不多的价钱就可以买一个可以放置多个任意尺寸显示屏的 VR 头显。未来的 VR 头显可以完成 2D 屏幕的所有功能，并且效果还更好价格还更便宜，甚至还增添了 3D 沉浸感功能。第一代及第二代消费级 VR 可能操作起来还不能像操作傻瓜机那样简单，但在 10 年之内，使用头显之外的工具进行运算处理的人就相当于今天我们周围那些还在使用翻盖手机的人。

VR 普及的经济动力来源于全球科技巨头，它们已经加入了这场为争夺下一个计算平台的军备竞赛。谷歌、索尼、Facebook、三星、微软、英伟达、Valve、HTC……大笔投资 VR 的公司会变得越来越多，他们都吸取了智能手机时代的教训，不愿输在起跑线上。

我的确可以用 50 页的篇幅来专门分析 VR 将如何改变各行各业，但大部分的用途在几年后 VR 进入大众市场之前都会很昂贵。我注意到，目前 VR 社区中大部分的专业人士都不是玩家，这让我十分期待 VR 在未来的广泛使用。不过，这些绝妙的非游戏产品大多都需要依托大量的大众消费者，但在接下来的几年这些潜在消费者可能还不会使用 VR。因此，现在创立一家不做游戏的 VR 公司是不容易的，因为在开头这几年很多好的想法都将面临严峻的经济现实。当然，这也要看情况，创业的时机主要取决于个体市场中的商机。

其中一个重要的非娱乐用途就是 VR 聊天。AltspaceVR、VR-Chat 和 Convrge 是目前正致力于打造 VR 社交体验的三家典型公司。在头部追踪功能、手持动作控制器都到位的情况下，这类通过数字化身来呈现的动态社交体验加上语音聊天后就具备了极强的吸引力。有了这个功能，你就用不着视频聊天了，可以直接和朋友在虚拟空间里小聚！这也是 Oculus 和微软合作在 VR 中用电视直播 Xbox One 游戏的目的。能够和朋友一起玩在线游戏，仿佛他们正在和你一起坐在沙发上，这实在是太有趣了。

04

VR 在教育中的应用

VIRTUAL REALITY INSIDER

Guidebook for the VR Industry

现行的教育体系已经发展了一百多年，然而科技的高速发展对人才的培养提出了更高的需求。而 VR 能把学生培养成知识的主动追寻者而非被动的接受者，并将利用其优势有效地解决现行教育体系的缺陷，提供更好的紧跟时代需求的人才培养体系。

如果按照传统的分类，那教育应当被纳入第 3 章中，但教育超越了体裁的分类，所有的媒介背后都蕴藏着推动学习的潜力，只是有些媒介更关注这一功能罢了。虚拟现实将会让教育真正迈入 21 世纪，为长期落后于技术和神经学发展的教育体系带来一场迫在眉睫的变革，为各个年龄层的学习者提供更加引人入胜和更加有效的学习方式。要理解这一转变，我们首先要认清当今教育所存在的问题，重新审视我们对学习的现代解读，然后观察游戏将如何利用我们的这些发现，最后来探究 VR 技术将如何与这些知识结合，推动教育的未来发展。

厘清教育存在的问题

目前为止，尽管已经有不少文章对所谓的美国教育危机进行了讨论，但或许还有更多的问题没有涉及。其中最大的问题之一就是大家并没有就教育的真正问题达成共识，也没人知道教育的问题到底出在哪里。冒着跑题的风险，我还是想重点强调一下导致教育危机的一系列因素以及 VR 如何能够解决这些问题。正如各位理性主义人士在 Less Wrong 博客中所说："人们常常还没认清问题就急着提出解决方案。”

首先，最明显的问题莫过于我们的学校到现在还在使用工业时代建立起来的那一套教学方法，也就是对年龄差不多的孩子采取“一刀切”的标准化教学方式。这在 20 世纪是可行的，因为当时 K-12[①] 教育体系的目标是培养从事工厂生产和担任公司标准化岗位的劳动力，少数能够上大学接受高等教育的人都来自富裕家庭，基本上工作都有保证。尽管其他很多领域在组织结构和技术上都取得了很大的革新，但我们的教育体系依然比较僵化和无趣，也没能很好地培养学生适应快速变化的世界所需的技能。

另一个不容忽视的问题是贫困。如果每一个学生都有一台可以接入互联网的手提电脑或平板电脑，仅这一点就会带来极大的改变。随着电脑价格的不断下降，学校已经在着手提高电脑设备的普及率，这个进程自然是越快越好。然而，来自贫困家庭的学生还要为食物和居所担忧，这些问题也会让他们在学业上分心。这类家庭的儿童通常会很难专注于学校布置的各种零星作业上，特别是当他们越来越落后于其他同学的时候。

很多学校还在使用过时的课程安排。比如，大多数学校还把计算机科学列为选修课，甚至根本就不提供这门课程，这简直不

① K-12 是指从幼儿园到 12 年级的教育，是国际上通用的对基础教育阶段的通称。
——译者注

可理喻！计算机科学是很多职业未来发展的方向，合格的编程人才也十分短缺，而我们的学校对基础学科的重视程度却严重不足。尽管这也是教学大纲过时的一个集中体现，但在整个教育体系中却非常普遍：大部分 K-12 学校都省略了理财教育，也无法提供正确的营养教育（食物金字塔直到 2011 年才更换[①]，而且更换后的“我的餐盘”教育也就比之前用的教材好那么一点点）。

而这些问题都源于过度标准化、财富不均和缺乏创新精神的政府。好消息是所有这些问题以及其他问题都可以通过 VR 式教育来解决。但 VR 式教育并不是包治百病的特效药，因为它的推行还要取决于内容创作者的创造力，但它的确为新兴教育者提供了一个改变世界的平台。

我们如何学习

幸运的是，我们有不少关于人类学习方式和学习动力来源的研究，不过大部分的研究成果都未被应用过。虽然我们对很多东西还尚未理解，但仅用我们已有的知识就已经可以大大改善教育的方法。《学生们为何不爱学校》（*Why Don't Students Like School?*）一书就是一个绝佳的起点，我在这一节中所列出的要点大多摘自这本书。如果你是一名教育工作者，你一定要读这本书。

① 这里指美国。——译者注

那我们究竟是如何学习的呢？认知科学和心理学多年的研究获得了如下发现。

1. 如果我们需要解决的问题既不太难，也不太容易，那思考对我们而言就是非常有成就感的一件事情。因为解决问题后，令人愉悦的化学物质会释放到大脑当中。
2. 大脑一次能够储存的“工作记忆”信息是有限的。比如，要算出“1 个苹果重 1 磅，1 个香蕉重 2 磅，2 个苹果 +4 个苹果 +3 个香蕉 +6 个香蕉总重量为多少”时，你的大脑必须储存所有必需的信息才能够解这道题。组块化可以让我们把信息分组，减少占用大脑的工作记忆空间。以上述的题目为例，我们可以把苹果和香蕉分别合成两组，那么就会有 6 个苹果 +9 个香蕉，这就减轻了大脑的负担。经进一步分组后，我们可以得到 6 磅 +18 磅，答案就显而易见了：24 磅。最开始的等式所占用的大脑工作记忆较多，因此解决起来也难得多。
3. 通过故事，我们可以学得很好。故事不仅能够引起我们的兴趣，还是大脑乐于接受的一种形式。
4. 所思即所记。如果一个学生在课堂上花了一个小时去观看一个很酷的实验，那么他只会记住这个实验有多酷，而不是实验过程中的各个部分为何能够产生如此的实验结果。同样地，如果你想着要做一本关于美国独立战争的画册，而你又把 90% 的时间都花在制作这本实物图册上，那你只会记得如何做一本画册，而不一定记得那些与独立战争有关的知识。可见，我们的思考成就了我们。

5. 熟能生巧。大量的练习会促进条件反射，从而促进组块化，释放更多的工作记忆。在上述水果重量的例子中，6 磅 +18 磅对你来说十分容易，那是因为你已经能够熟练掌握简单的加法运算。而对于一个没有经过加法训练的小孩而言，就得运用自己的工作记忆——先把个位上的 6 和 8 相加，把进位得到的 1 加到十位上，再把十位上的两个 1 加起来就得到了 2，而个位上得到的是 4，最终结果就是 24。而你在做这个计算时根本不需要刻意进行这个思考过程。
6. 练习也让相应的记忆更持久。
7. 练习也可以提升知识的迁移能力。迁移能力是指大脑在不同情境中辨识问题的深层结构的能力。例如，当你在学习除法时，你会用不同的数字组合来进行练习，但如果有人给你出了一道应用题："一个农民有 120 个橙子，他家有 5 口人，每人晚餐时能拿到多少个橙子？"你可能因为不理解除法的本质而很难判断应该使用哪一种运算方法。这就是为什么在数学的学习中，学生要同时练习纯数字运算和应用题两部分。应用题让学生从另一个角度理解问题，这种训练提高了他们运用数学知识解决现实问题时的迁移能力。
8. 重复是一件很枯燥无趣的事，且缺乏驱动力，所以要让人们重复练习非常困难。在课堂上改变练习的方式可以重新激发学生的兴趣，吸引他们的注意力。

9. 我们通常会对那些给我们带来情感触动的事件记忆更为深刻，或者是那些独一无二的、令人惊奇的和非比寻常的事情。
10. 没有单纯的听觉型、视觉型或动觉型[①]学习者。广泛的科学研究表明，那些通过某一种方式接受知识的能力优于同龄人的人，在其他方式上也会占优。最理想的学习方式是多种感官输入，因为这样能够让大脑通过不同的方式接触同一信息。
11. 你对某一领域越了解，学习该领域新知识的速度就越快。打个比方，如果你认识 10 000 个英文单词，你的朋友只认识 9 000 个，然后你们比赛学习新单词，那么同等努力程度下，你将获胜。也就是说，在知识学习方面，知识渊博的人会变得更加渊博。
12. 自我提升驱动型学生比绩效驱动型学生更有学习热情。
13. 对自己智力水平的感知十分重要。认为自己“聪明”的学生就不怎么努力，而认为自己“笨”的学生也不怎么努力。学生们如果认识到智力水平是可以通过努力学习和自我提升驱动型思维方式来改变，而并不是完全由遗传选育决定的话，那这无疑是更有利的。
14. 睡眠对记忆力有重要的影响。五天学习十个小时比两天学习十个小时要有效得多。

① 指肌肉运动和知觉。——译者注

教育与游戏的融合

游戏是教育的未来。每个人自身先入为主的观念（也就是成见或偏见）各不相同，那对这一说法的理解也会有所不同。如果你不认同这一说法，那么是时候你该睁大眼睛认清局势了；如果你认同这一说法，那么就准备好迎接更刺激有趣的未来吧。无论你怎么看这个问题，我都想解释一下为什么教育发展的明天在游戏。

玩对于学习的意义

在我们讨论 VR 之前，我想先阐明游戏的结构特性，也是它能作为一种强有力的学习方式的原因。首先，就是可玩性。人类生来就是通过玩游戏和讲故事来学习的，在游戏中，儿童的社交和认知能力得到提升，获得了情感上的成熟和尝试新事物的自信。这一切都是在他们投入游戏的过程中实现的，因为在游戏中学习实在是太有意思了。不过，爱玩的可不只是儿童！虽然在我们文化历史的发展中，玩逐渐演变成了儿童的专利，成人则被要求要冷静沉着、坚忍克己，甚至有些固执古板，幸好游戏已经开始改变这一刻板印象。曾经有一段时间，游戏被看作儿童和青少年的专利，但 2013 年的调查数据有力地反驳了这一观点——电子游戏玩家的平均年龄为 30 岁。电子游戏的出现让社会开始认同无论是成人还是儿童都可以玩的观点，这是从纯被动式娱乐活动（如电视）向更具交互式的活动的转变。

教育与游戏的结合为人们提供了有趣且有吸引力的新学习方式。当学习变得有趣，学习者参与热情高涨时，学习结果就会有巨大的提高。当人们愿意学习且不认为学习很无聊时，他们记住的东西就会更多，也会花更多的时间在学习上，并且学得更开心，因为整个过程变成了一种享受。每一个教育工作者和教育学家都应该思考如何巧用游戏的力量，让学习变得更加有趣和高效。

21 世纪必备的 4C 技能

目前，教育工作者已经指出 21 世纪学生必备的四项技能，即批判性思维能力（Critical thinking）、沟通能力（Communication）、协作能力（Collaboration）和创造力（Creativity），简称 4C，而这四种能力已经在游戏中得到了很好的锻炼！

当玩家遇到问题时，必须批判地思考该采取什么样的行动来解决问题，如果尝试失败了，他们就必须吸取经验教训并尝试另一种方法。例如，在游戏《星际争霸》（*StarCraft*）中，如果你看到你的敌人在组建某一类型的军队，你就必须快速思考要组建哪种类型的军队来进行反击。可能你的这次尝试失败了，那么下一次你就会换一种策略。

涉及团队合作的游戏需要队员间频繁的沟通才能获得成功。比如在《英雄联盟》5V5 的游戏中，玩家之间必须通过有效的沟通来完成目标，以谋略战胜对手，沟通不畅的队伍战败的战局则更多。

任何需要多人朝着同一个目标或相似目标共同努力的游戏都需要协作，《我的世界》里玩家要合作搭建建筑，《英雄联盟》里和队友通力合作而不是内讧的玩家赢得的战局会更多。

创造力在大多数游戏中都有所体现，只是形式各异。在游戏中，人们要么独自创造，要么与他人共同创造。比如说第一人称射击游戏《光晕 3》（*Halo* 3）就是最早内置自定义地图的 Xbox 游戏之一。玩家需要在物理空间、建筑结构以及游戏平衡性上发挥创造力，打造自己的战场。当然，很多非暴力游戏也需要创造力，《我的世界》就是一个很好的例子。星火计划（Project Spark）是一个新的游戏平台，允许玩家自行设计自己想要的任何游戏。通过其人性化的系统，玩家最多可以和四个朋友共同设计自己想玩的游戏，既可以在线分享自己的游戏，也可以玩别人设计的游戏。

因此，从上述例子中我们可以看出，游戏可以锻炼我们这四项重要技能，这可能也很好地佐证了美国国防部的发现：游戏玩家的认知能力比非游戏玩家要高出 10% ~ 20%。此外，很多研究还调查了游戏玩家在职场中的表现，结论几乎都是游戏玩家的整体表现要比非游戏玩家的要好。别忘了，这只是人们玩游戏时所附带的好处，人们通常并没有意识到自己在游戏中锻炼了这些技能，未来如何把这些技能从游戏迁移到现实世界中，是教育工作者和游戏设计师需要研究的课题。人们往往要花上好几百个小时来锻炼 21 世纪最为重要的技能，因此，我们理应把这种练习迁移到现实世界。

尽管游戏有助于提高 21 世纪必备技能，但我们必须记住并不是所有的游戏都如此。假如我们能设计出专门培养这些技能的游戏呢？而且，无论是在一个教授历史或科学知识的游戏中，还是在一个魔幻战争游戏中，这些能力都能得到锻炼。具有教育意义的游戏，既可以传授知识，又可以以引人入胜的方式培养 21 世纪必备的技能。

我在“如何学习”的部分提到过练习是枯燥的，但练习一定是枯燥的吗？通过娱乐和多变性，游戏可以让练习变得有趣。让练习变得有意思或许是游戏化教育的特效药之一：人们可以一边玩，一边学习和练习有用的技能。为了让效果最大化，我们在设计内容时一定要谨记这一点。

即时反馈，无惧失败

一般来说，在当前的学校体系中，学生拿到老师布置的作业、写作业、交作业，老师评分，一周之后把作业发回学生。学生只有一次机会回答正确，而当他们获得批改的时候，早已忘记了问题是什么，这就导致了学习过程中的两个巨大问题。

第一，学生们在学习过程中要不断应对对失败的恐惧。他们必须不遗余力地确保能够一次得出正确答案，他们没有机会修改或重做。但在现实生活中，解决问题并非如此，我们必须试错，然后从失败中吸取经验教训，再换一种方法重新尝试。爱因斯坦并不是一次就得到了质能方程（mass and energy equivalence），在找到正确的答案之前，他也认真严谨地尝试了各种不同的方法来解决问题。

第二，由于反馈的周期太长，从而导致与问题脱节了。这纯粹是个工效学的问题，因为在现有体制下，老师不可能及时为 20 多名学生提供有效反馈，何况就算第二天可以给出成绩，从做完题到获得反馈也隔了整整一天的时间。

然而，游戏可以同时解决以上两个问题。游戏中的设问通常是“你可以找到解决这个问题的方法吗？”而不是“你知道答案吗？”如果你在游戏中失败了，你马上就可以得到反馈，然后可以立即重试，这种机制让人们能从自己的错误中吸取教训，同时不会害怕失败，失败只是成功道路上自然而然的一步，是一个学习和提升的机会。从工效学的角度来说，这一过程的自动化也解放了老师，从而使他们可以在教学上倾注更多的时间，更关注学生个体的发展。创新几乎是 21 世纪任何体面工作都需要的技能，通过游戏学习可，以让学生不断涌现出创意性解决方案，并在一次又一次的尝试 - 失败 - 学习的循环中获得创新能力。

个性化教育

现有教育体系的另一个问题在于，学校很难根据每个学生的个人需求来调整课程，而只能使用统一的标准，让每个学生做一样的功课，成绩优异的学生会觉得无聊，也没有动力进一步探索更深奥的知识，学习吃力的学生只会越来越落后。

游戏让课程能够适应每个学生的需求。老师通过学生在游戏中的表现能够获得大量的数据，游戏中可以设置评估和追踪功能，让老师了解到每个学生学习较为轻松和吃力的部分，然后调整难度（如果有必要）或根据学生的需求布置额外的或其他活动。理想状态下，表现出色的学生可以获得更具挑战性的作业，而那些学得较为吃力的学生则可获得额外的辅导或更多的关注。使用游戏教学，既能让老师收集和使用这些数据，还可以自动调节作业的难度，其最大的优点就是可以营造一种学生专注于自我提升而不是为了攀比分数的学习氛围。

代入感和赋权感

游戏还有一个有趣的副产品——代入感。在游戏中，你会觉得自己的选择非常重要，因为你立刻就可以看到自己的行动所带来的结果，并自行承担后果。这种掌控自我命运的感觉在日常生活中往往可遇而不可求。游戏还可以培养一种赋权感，让你明白自己的行动是有后果的，而且你也有能力去改变现状。网络剧《额外加分》(*Extra Credits*)[①]说得很好："我们所能给予未来的孩子最重要的礼物便是让他们能够自由选择自己想要生活的世界，并让他们知道自己有能力创造出那个世界，让他们知道人类的伟大。只有当我们觉得自己无关紧要、别无选择以及毫无影响力时，最大的敌人才会有机可乘。"

VR 式教育

虚拟现实拥有放大电子游戏的所有优点的潜力，同时还能提供前所未有的学习方式。首先，VR 是最具沉浸感的媒介，游戏产业必将带动 VR 的发展。临在感革新了我们设计娱乐体验的方式，使得通过玩乐和探索来学习知识成为可能。在此之前，这种方式要么过于危险，要么过于昂贵。

例如，在传统的化学课上，学生必须严格按照指示来操作，因为把未知的化学物质混合在一起可能会造成巨大的安全隐患。但在 VR 化学实验室中，学生们可以随心所欲混合任何的化合物

① 一个专门以游戏业界的热点和游戏开发为主题的动画短片系列。——译者注

并观察其反应，不用担心会受伤。更妙的是，化学课可以变成一个交互式游戏，让学生猜测某些化学物质混合在一起会发生什么样的反应，或者根据特征描述来制作化合物，尝试不同的可能性，研究必要的知识来获得成功。《我的世界》游戏的玩家在空闲的时候就会上网研究如何在游戏中制作某些物体，因此，我们不妨试想一下，如何把这种学习方法应用到学习现实世界的实用知识上会产生怎样的效果。

由于系统可以产生即时反馈，学生们就不用再恐惧失败了。此外，老师、研究人员、教育工作者和内容创作者在 VR 中能够获得更多的数据，每个学生的头部运动、身体运动、控制输入和交流都会被记录下来。尽管这可能会引发隐私方面的顾虑，万一这些信息被泄露到网络上后果堪忧，但教育工作者和开发者拿到这些数据的好处是不可估量的。VR 所产生的大量数据和其他所有技术一样，都是一把双刃剑。

这些信息显然可以用于自动调节或由老师调整每个学生的教程，让老师更容易判断出每个学生在学习上轻松与吃力的部分，并对学生的行为进行监督。我们的社会之所以把儿童和成人区分开来，完全是因为我们认为孩子在缺乏指导的情况下无法做出理性的决定，这种担忧是完全可以理解的。儿童从本质上来说就是一块充满好奇心的海绵，通过不断尝试和社会学习（观察以及与他人互动）来学习如何做人，在孩子的成长过程中为他们提供指导是教育中极其重要的一部分。

VR 式教育可以随时监督和记录学生的活动，这意味着如果孩子们彼此间有不当的行为，马上就会被发现并被教育为何这种行为在整个社会中是不被接受的，而这不正是霸凌的终结者吗？我并不主张用惩罚对待错误行为，毕竟这种方法已经被证明对改变行为无效。霸凌行为几乎都是由于缺乏对自身和对他人感受的理解而产生的，霸凌者通常意识不到自己在欺负他人，或者并不知道如何处理某些情绪，所以才会行为过激。出现这种行为时，应该有相应的教育来指明为什么某些行为是不对的，并提出其他的解决方法。VR 技术可以管理这种即时反馈，让孩子们从自己的尝试中吸取教训，而又不伤害他人。

不幸的是，洗脑变得很容易，甚至比有效的引导更容易。洗脑最大的一个问题是，有时我们并不知道自己正在这么做。为了应对这一问题，VR 式教育需要鼓励孩子们主动学习和探索，不应被关在一个封闭的花园里，他们应该自由地探索人类共同的知识。当我们想方设法审查孩子们所浏览的信息时，我们就必定会蒙蔽他们对于真实世界的了解，阻碍他们的发展，甚至有给他们洗脑的嫌疑，这也是为什么监督孩子的行动是非常重要的一环。我们应当能够识别出他们什么时候在消费具有潜在危害的内容，并设法介入他们所接触这些内容的情境中参与讨论，而非彻底屏蔽某些内容。如果真的有必要，可以禁止或限制某些内容，但这会不可避免地限制了思想自由。

如果允许孩子浏览任何他们想要浏览的内容，那最坏的后果会是什么？是接触到色情文化、恐怖内容和暴力吗？既然成年人可以观看这些内容，那为什么我们不让孩子们看到呢？是因为他们很脆弱，有可能留下精神创伤或者被洗脑吗？但如果我们能够知道孩子们在看些什么，我们就可以营造适当的环境和监管，以消除这种担忧。接触这些内容所产生的问题都源自于缺乏成人的思维背景，而且更早接触这些内容，可以让孩子拥有更全面的知识。比如说，大部分男性儿童在 8~15 岁之间接触色情文化，而研究已经表明，过早接触色情文化会导致女性的物化观念不断深化，以及危险的性行为。但如果我们可以知道孩子是从什么时候开始看这些内容，那家长和老师就可以根据孩子们观看的内容提供适宜的性教育和环境，让原本有害的行为变成了一次学习体验。在青春期真正开始之前，就从知识层面了解青春期的原理，对孩子是有利无害的，但要记住关键是在适当的监管和环境下的自由，目标是引导，而非控制。

VR 在教室里的发展前景

VR 在未来 20 年内将成为主要的教育方式，至于它将以怎样的形式呈现，将取决于我们的内容创作者。我们需要注意的是，在电脑和头显（HMD）的价格下降、VR 成为一种普遍的娱乐方式之前，VR 在“教室课堂”中只会以小众形式存在。幸运的是，并不用等太久，三年之内就会有一定数量的学生拥有 VR 装备，让先行者和实验项目可以开始着手设立 VR 课程，而 10 年内几乎所有人都会使用 VR。Oculus VR 公司计划一旦其商业模式可行，就开始免费供应头显[①]，到那时其市场占有率就会达到将近 100%[②]。即使最穷的美国人在未来 10 年内也会拥有一台电脑，因此，只要你有一台电脑，你就没有理由拒绝一台免费的 Oculus 头显。你认为提供免费硬件的商业模式不可行？要知道就算 Oculus 要从软件销售利润中拿一部分来补贴其头显的生产，它仅凭其市场份额的增长，就够它赚个盆满钵满的。

VR 式教育的可能性

VR“寓教娱乐”——首先会从推行教授单一课程的游戏开始。游戏可能会把你带到美国内战的战场上来学习历史，或者一款天文学习游戏会带你在火星上漫步。

VR 教室——无论是否有一间实体教室，孩子们都可以连接到网上虚拟教室。教室的环境可以是多种多样的，最好是对当天课程有所帮助的环境。孩子们可以在宇宙中的任何一个地方进行实地考察，或者去各种专门设计的教室中学习。最初的 VR 体验将会是纯视觉和听觉的，不会有触觉的部分，但学生还是能够移

① 不确定是否有这么一个计划，业界也从未听过相关传闻和报道。——译者注

② 作者这里过度看好 Oculus。即便是免费，也会有其他免费模式的竞争对手。——译者注

动和拿捏物体，仿佛他们是可以触摸到物体一样。但讽刺的是，在这种环境中学习会比在传统的学校学习有更多“实战”的机会。随着光学技术和情绪捕捉技术的发展，虚拟教室将全面超越传统的课堂。在我们的技术达到相应水平之前，需要经历一个过渡期，用面对面的小组活动和（或）社交来辅助 VR 式教育。

最终，学生会订阅一个 VR 课程或者购买特定的课程内容，而学校将成为一个 VR 游戏（可能是 MMO 类），学生们必须共同协作解决问题和学习。例如，一所名为“星球学院”的学校可能是一艘巨大的宇宙飞船，你注册后就会和其他同龄的学生一起登上这艘船，船上会有协作、社交和学习的空间。你们今天可能会收到警报——一颗流星正朝着你们的飞船飞奔而来，你和你的同学就要运用几何学和物理学有关能量释放的知识，来让这颗流星偏离你的星球。在危机解除后，你们要走进一个生物舱去捕捉动物，但你们手上只有这些动物的名单，所以要完成这个任务，你们就得研究这些动物的图像以及它们可能出没的地点。

通过把学校学习变成一种有趣的交互体验，并培养学生们积极主动的学习态度，我们希望能够大大提升孩子们的智力水平和好奇心。要实现这一目标需要付出极大的努力，把重要的技能和知识转化为一个完整的 VR 游戏课程。我们应牢记，协作学习总体上要比个人学习更有效，这可能是因为协作学习所带来的参与感更强吧。此外，相比“以表现为目标”学习——专注于证明自己的能力，学生们在“以掌握知识为目标”学习——专注于学习、提高和自我能力发展的引导下会表现得更好。

案例分析

纽约公立学校“求知欲”（Quest to Learn）是游戏化学习领域的先锋。在所有参与评比的纽约学校中，其学生在主动参与度上的得分在前 3%，核心标准[①]成绩也名列前茅。目前该学校正在研究与其他学校比较 21 世纪必备技能水平的方法。如果你正在设计与主动学习相关的项目，我推荐你参考一下他们的方法，因为该方法已经得到了积极应用：

http://www.instituteofplay.org/wp-content/uploads/2011/02/QuestToLearnDevelopingTheSchoolForDigitalKids.pdf

VR 式教育是一种让孩子们能够更加投入学习的工具，但要充分利用这一方法，就要在教学方面做出范式的转变。当前教育体系的重点是“授课”，学习并不是一种享受。要利用好信息时代的先进技术，我们就得教会学生如何学习，如何搜索信息，以加深他们对学习的积极印象——学习是充满乐趣的活动。我们要把学生培养成主动的追寻者而不是被动的接受者。如果我们可以

① CCSSI 的简写，共同核心州标准。——译者注

让学习从小就是一种自我奖励（以及团队奖励）的活动，并且给予学生需要的工具让他们探索自己心之所向，那我们社会中的个体就会愿意活到老学到老，每个人也会变得比现在更好。

案例分析

跳蛙公司（LeapFrog）近期揭晓了一款专为 3~8 岁儿童设计的游戏机 LeapTV。LeapTV 旨在成为第一个儿童游戏系统，它也是儿童早教方面的先行者。

未来图书馆

我想让你想象一座传统的图书馆，里面有一排排的书本，像陵墓一样寂静。现在我想让你把这个图像埋藏起来，因为它已经离我们而去了，并在上面立一块写着“安息（？？？？ -2015 年）”的墓碑。小树从埋藏着已逝图书馆的土壤中抽芽而出，逐渐长大，相互交错，交织成一片凌乱的空间，里面全是动画化的孩子，在一起玩耍，一起学习。要理解这一转变，我们就必须认清传统图书馆的功能。

一座传统的图书馆的功能如下：

1. 储存信息；

2. 传播信息；

3. 提供安静的阅读空间；

4. 为有需要的人提供电脑和网络连接；

5. 提供信息搜集帮助。

在今天这个由计算机驱动的世界里，信息要么储存在服务器中，要么存储在个人存储设备上，一台传统的个人计算机就能够装下一所 K-12 学校图书馆中的所有书籍。此外，这些信息还可以通过无线网络发送给无数的人，也就是说图书馆的头两个功能如今已是完全多余的了；至于图书馆提供安静的工作空间这一点，很多学生都可以在家中或者在课堂专门的自习时间里安静高效地学习；图书馆依旧（也应该）可以设置“安静区域”，让大家用于自习和阅读，但这不应该占到图书馆大部分的功能区间；图书馆为条件有限的人群提供免费网络连接的服务可能还会持续一段时间，但不会太久。计算机的成本会不断下降，个人计算机使用权限不仅是必需的，更会成为人权的一部分；我们依然需要图书管理员，但他们的角色必定会发生改变。

那么，21 世纪的图书馆会是什么样子呢？图书馆将会升级成为人们协作、社交和创新的地方，变成我们所知的黑客或创客空间。部分图书馆已经开始了这一转变过程，也证明这一模式是行之有效的。3D 打印和其他交互工艺将普及开来，而对公共空间用途的这一改造也更符合数字时代的需求。提供团队创作的空间是图书馆功能的核心。当然，这一转变不可能一蹴而就，人们也需要一个适应新式图书馆的过程。弗吉尼亚州夏洛茨维尔市的 Monticello 高中就已经建造了这样的图书馆，最初的一年半里，孩子们在这座图书馆中的效率非常低。但随着新鲜感慢慢减退，一种文化转变逐渐显现出来，孩子们也开始明白如何有效利用这类图书馆了。承担自由所带来的责任这一理念融入了校园文化，新生通过社交学习（学习身边的人的行为）很快便适应了这种行为。

你可能会想："这很好，但这和 VR 有什么关系呢？"这种新型图书馆为在不同人群间建立 VR 局域网提供了令人兴奋的可能性。VR 让学生们不需要同处一室学习，但这种新型空间可以让一半在虚拟现实中、一半在现实世界的教学操作起来更简易。另外，21 世纪的图书馆其实完全可以通过 VR 设备使用。在 VR 中为学生设计协作、社交和创新的空间，可以根据从这种新型实体图书馆中所吸取的教训来设计（反之亦然）。虽然在 VR 中，人们可以从互联网上获得他们所需的所有信息，但还是需要社交和协作的空间。和实体图书馆不同的是，VR 中的图书馆可以建在珠穆朗玛峰上、月球上，或是金星上的一座漂浮城堡中，学生也可以在这个空间内进行原本过于昂贵或不实际的实验与基础环境搭建等。

05

VR 创作团队

VIRTUAL REALITY INSIDER

Guidebook for the VR Industry

创作令消费者满意的 VR 内容将是未来虚拟现实发展至关重要的一环，而创作不同方向的 VR 内容的团队所需的成员角色也不同，组建并管理一个优秀的 VR 团队能有效利用每个成员的专业知识和技能，最大化创造力和生产力。

创作令消费者满意的虚拟现实内容需要各种各样的技能组合，本章将简述创作 VR 内容所需的几个团队角色，并就如何规划发展周期、如何进入 VR 行业提供建议。一个人可以同时担任几个角色，但这样也会分散精力。由一个人担任全部角色所做出的 VR 项目是非常难以成功的（我很想说不可能），所以你要认清自己的长处，还有你想要投入精力的工作是什么，然后寻找你需要的人才来填补团队的技能空缺。只有结合多种技能，才能实现内容质量的最大化。

独立开发

VR 的初期发展将由独立开发者主导，因为面对尚处于襁褓之中的 VR，大部分大型开发商都还不愿意在 VR 内容制作上一掷千金。只有当早期的 Oculus 游戏开始大量获利后，大型 AAA 工作室才会开始有所行动。

对于小型独立开发团队来说，虚拟现实行业的确蕴藏着大把的机遇：Unity 和 Unreal 等引擎大大缩短了开发时间，图形技术的发展也降低了制作精美画面的成本。作为预算较少的小型团队，虽然不能像大型工作室那样以百万美元级别的成本雕琢出精美画面，但仍然能够做出足够逼真、让观众获得临在感的产品。开发者应当记住，在同等投入的情况下，画面对于内容成败与否的影响是最小的。如果你请不起一批艺术家来做美工，那就降低画面质量以打造更好的体验。画质达到一定的程度就可以了，不要好高骛远，只要画面不会对沉浸感造成太大影响，那就没问题。尤其在 VR 最低帧率为每秒 60+ 帧（fps）的条件下，做一个画面类似《我的世界》但帧率可达到 5 000fps 的游戏，比做一个画质比肩《使命召唤：现代战争 3》（*Call of Duty*：*Modern Warfare* 3）但帧率只有 30 fps 的游戏要好得多。

敏捷开发和精益创业

开发产品和发展公司的一种“新”思想流派特别适用于 VR——敏捷开发和精益创业模式。两者的目标基本上是一致的：为开发过程中的变数留有余地。本章不会详述这些方法背后的运作模式，而会综述它们的工作原理，突显它们的重要性。

传统意义上，项目和公司落成的启动方式和火箭发射类似。先把所有的东西设计好，然后根据规格制作产品，最后发行到市场上。制造火箭时，变量和尺寸出错将导致灾难性的后果。火箭是按照一定的物理原理建造的，所以唯一的错误只可能是计算方面的错误。相比之下，产品生产则是基于设想而制成的，这往往没有物理原理那么确切。产品经理根据市场分析和消费者模型进行设想，而不是根据物理规律来设计产品——如果是研发新的产品，这些信息很可能非常不可靠，如果你的产品是建立在错误的设想上，那就很有可能会导致产品发布的失败。

如何才能降低这种风险呢？借用一个流行的比喻：产品开发应该像开车，你知道自己要去哪里，但需要根据路面状况调整转弯才能到达。

你应该把你要达到的目标和实现目标的方式分开来看待，否则个人的偏见会让整个过程变得很难调整（即改变方向）。假设一开始我的基本目标是设计一款复杂的飞行游戏，在测试和迭代中，我发现人们偏爱简单一点的游戏，所以我要么改变我的目标，要么就承担最终产品受众市场很小的风险。但如果我刚开始的目标是设计一款供消费者享受的飞行体验，我就可以根据获得的反馈调整项目，而不必改变最终目标。

精益创业方法

精益创业方法能够让企业设计出为消费者而生的产品，而不是针对消费者需求的产品。产品开发遵循“构建 - 测试 - 学习”的周期，来检验团队的设想是否正确。首先，团队设计出一个产品原型，然后对消费者的试用反馈进行评估，最后根据反馈来修改产品，决定是继续开发还是终止项目，周而复始。这一方法让你得以检验自己的设想是否准确，并在制作产品的过程中调整策略，同时还可以帮助你避免把时间浪费在不必要的功能特性上。

假设你要开发一个 VR 聊天程序，你猜想人们希望这个程序能够和 Facebook 以及 Google+ 集成。于是你花了一个月的时间编写集成所需的程序，以保证人们能够以插件的形式使用它，最后让用户来测试你的“成品”。结果，你发现没有一个用户想安装这款社交网站插件，他们反而希望能够单独使用这个应用程序，添加一个特有的好友列表。由于错误的设想，你所有的努力都白费了，你还不如把这一个月的时间用来重温《权力的游戏》（*Game of Thrones*）和学习酿苹果酒。你完全可以通过“验证性学习”来避免类似情况的发生，维基百科上给出的“验证性学习”基本步骤如下：

1. 明确目标；
2. 量化达到目标的程度；
3. 采取行动，完成目标；
4. 量化评估——你离目标是更近了吗？
5. 改进并再次尝试。

从本质上而言，你制作产品原型的目的是为了检验你关于消费者与你的产品的交互方式的设想。原型做好之后，你自己心里有一套衡量标准，然后再在顾客身上进行测试，并根据测试结果设计下一款产品原型。这个过程是不是听起来有点耳熟？没错，这就是应用于产品和企业设想的科学方法。你对自己的产品作出设想，制作一个产品原型来检验这个设想，然后根据你的观察得出结论。

这种设想测试在 VR 开发中尤其重要！因为我们在消费者对 VR 内容的反应方面知之甚少，所以为了节省时间和金钱，检验你对人们的喜好和反应的设想变得尤为重要。与其做一个产品，然后祈祷它能受到顾客的青睐，还不如使用可以大大降低风险的做法来实现你的 VR 目标。

以上不过是关于精益创业法的一个简短综述，如果想结合众多真实案例深入了解这一概念，请阅读《精益创业》（*The Lean Startup*）一书，我强烈推荐每一位创业家阅读这本书。

Scrum 和敏捷开发

敏捷开发从根本上把上述反馈循环应用于规划团队开发过程上。这一节将概述一种最受欢迎的敏捷开发方法——Scrum 概念。

通常 Scrum 中设有三个角色：产品负责人、Scrum 主管和 Scrum 开发团队。产品负责人是最终拍板整个项目的人。在一个 VR 项目中，产品负责人通常是首席执行官（CEO）或首席技术官（CTO），需要负责产品的前景规划，并拥有较强的领导力。在 Scrum 团队内部，产品负责人的职责还包括调整产品订单（Product Backlog，稍后详述）的优先级。Scrum 主管扮演的是团队推进者的角色，而不是团队管理者。Scrum 主管的工作包括组织和任务相关的会议，促进讨论，营造有利于团队高效工作的环境。Scrum 开发团队一般由 5 ~ 9 名跨职能、自管理、共同协作的人员组成，他们和产品负责人以及 Scrum 主管一起在 2 ~ 4 周的周期内开发一个产品。

产品订单指团队在项目内想要完成的所有事项，按照重要性依次排列，优先处理级别最高的放在首位，最低的放在末位。产品订单的每一条（也叫作“story”）都必须是“独立、可协商、有价值、可预测、小型和可检验的”（简称 INVEST），团队中的任何一个成员都可以往产品订单中添加新的内容，由产品负责人来决定每一事项的优先级别（在整个团队的帮助下完成这一工作。我们稍后会谈到）。

一个 2~4 周的 Scrum 周期称为冲刺，团队的目标是制作出可交付使用的增量产品。也就是说，在一个冲刺周期结束的时候，产品应该集合了所有的功能特性，可以发给用户进行测试。根据你的产品类型和所处的开发阶段，你不一定要马上向客户展示你的产品，但通过“构建 - 评估 - 学习”的周期逐步完善你的产品，可以让你避免复杂的错误，并且更快获取产品反馈。

一共有五种 Scrum 会议形式，为这种开发模式保驾护航。冲刺规划会议（Sprint Planning Meeting）在冲刺周期的第一天召开，团队要在这次会议上决定项目的产品订单，进一步预测如何完成产品订单，目标是在冲刺结束时尽可能把所完成的工作成果都体现在成品上。当前冲刺周期的产品订单会被放进冲刺订单（Sprint Backlog）中，再由团队成员把这些产品订单细分成更小的任务，进一步预测完成产品订单需要哪些步骤。值得注意的是，随着产品开发的推进，会有新的任务添加进来，因为在完成产品订单的过程中会出现意料之外的任务。Scrum 过程的一大优点就是把对不确定因素的预期也融合到了项目规划当中。冲刺规划会议要求每位成员都到场，对于一个 2 周的冲刺周期，会议时长应在 4 小时左右（根据冲刺周期的时长按比例进行调节）。

第二种是每日站立会议（Daily Scrum）。与冲刺规划会议不同，产品负责人不一定需要参加每日站立会议，是否参加完全取决于团队和实际情况。在 15 分钟的时限内，每个成员都要分享他们昨天完成了什么，今天在做什么以及他们遇到了什么困难。通常情况下，大家围圈站立开会，重要的是每天都要开，以保证团队成员之间的有效协作。

冲刺周期结束时要召开冲刺评审会议（Sprint Review Meeting），

向产品负责人和其他相关人士（如投资人和潜在用户）展示冲刺完成的产品，获取反馈。产品负责人根据冲刺规划会议上制定的标准，来决定哪些产品订单已经“完成”，Scrum 主管则将获得的反馈转化成新的产品订单。你可以看出这种模式和精益创业之间的共性——在制作了一个实现了功能的产品原型后，团队成员将其进行展示并了解用户的想法，然后根据获得的反馈反复调整工作。

冲刺评审会议后很快就会召开冲刺回顾会议（Sprint Retrospective Meeting），为团队成员提供反思开发过程和自己的工作表现的机会。会议的目标是检查并调整工作状态，使之在未来变得更加有效。有很多因素会妨碍这类会议的透明性，因此 Scrum 主管应掌握一些技巧来保证成员的心理安全感，并防止成员妄下结论——人们经常在仔细思考问题前就急于提出解决方案。Scrum 主管有很多可利用的资源，比如《敏捷回顾》（*Agile Retrospectives*）和《专注对话的艺术》（*The Art of Focused Conversation*）这些图书就是很好的开始。

在产品订单梳理会议上，整个团队要浏览一遍产品订单为未来的冲刺做准备。这包括细化产品订单，更加仔细地评估产品订单的技术难点和耗时，重新排列产品订单的优先级别。尤其重要的一点是，要研究不同的产品订单对商业价值所产生的影响（从顾客的角度），这样你才能把精力集中在最重要的事情上。尽管产品订单梳理会议并不是传统 Scrum 的一部分，但随着 Scrum 概念的发展，此类会议也取得了一定的进展。

如果你还在犹豫要不要使用瀑布式开发，那我奉劝你一句“别折腾了”。想要学习 Scrum 的整个过程，请访问 http://scrumtrainingseries.com 参考 6 个互动教学视频，或访问 scrum.org，在 http://scrumreferencecard.com/ScrumReferenceCard.pdf 上也有参考文档，能够帮助你学习和记忆整个过程，另外还有很多关于 Scrum 的文章。因此，如果你计划使用这种方法，还可以去寻求一些其他额外资源。

Scrum 不是唯一的敏捷开发方法，但却是最受欢迎并且记录最详尽的方法之一。我希望读完这一节的内容后，你能够对敏捷开发的工作原理有清晰的理解。假如你是管理者，你可以进一步研究这种方法；如果你担任的是其他角色，则可以熟悉整个流程（如果管理层目前还没有采取这种方法，你也可以提出建议）。

敏捷 + 精益 = 灵活

把敏捷和精益两种方法结合起来，你就可以创造出人们真正需要——而不是你认为他们需要的产品。我们生活在一个变幻莫测的世界里，因此对于一个团队、一家公司或一个个体来说，想要获得稳定的发展就得不停地改变。灵活开发让你可以一边做，一边学，并将所学的与所做的无缝衔接起来。

案例分析

你还在质疑灵活开发的好处吗？Oculus VR 公司正凭借灵活开发席卷整个 VR 市场。Oculus 公司在消费版尚未成熟之前，就向开发者发出了数量有限的开发用机（开发版 DK1）。然后，他们根据第一款开发用机获得的反馈设计了第二款开发用机（开发版 DK2），并将其开放给更多的开发者。此举不仅让 Oculus 公司出尽了风头，也让他们得以把获得的反馈融入最终的产品当中。此外，这一过程实际上加快了开发速度，因为这样做比闭门造车能够更快发现问题。相反，索尼 PlayStation VR 的开发则是秘密进行的。Oculus 公司的张扬迫使索尼提前公布了他们的项目，此后两大巨头就开始你追我赶。传统的秘密开发新产品的做法已经跟不上时代的发展。得益于这一开发模式，消费版 Rift 在其发售之时[①]将变得更加优秀。

VR 团队的角色

开发者 / 程序员

从电子游戏出现伊始，程序员就是游戏开发的基础，他们利

① 已于 2016 年 3 月 28 日正式上市发售。——译者注

用自己高度专业化的技能，来实现游戏中的交互（我想说，现在还面临着人才短缺）。这么说来感觉很宽泛，但程序员确实起着非常广泛且对于 VR 体验必不可少的作用。一些 2D 游戏开发平台的确已经不需要编程了，但 3D 虚拟现实内容的开发还没有类似的系统，而且就算有这样的系统，程序员还是可以大大增加设计的可能性。

项目的规模和时间轴直接决定了你需要多少个程序员。大型沙盒游戏《上古卷轴：天际》（*Skyrim*）一共使用了 90 名开发者，花费三年半的时间完成。所以，请确保自己在项目一开始就定下游戏的规模和所需的开发人员数量。

在 VR 设计中，由于 Unity 和 Unreal 引擎拥有非常丰富的资源，程序员的主要工作是把美工 / 引擎元素相融合，以保证它们能够正常交互，控制 VR 摄像头的正确运转，编写人工智能（AI）行为模式，为多人游戏构建网络联接，创建菜单逻辑，等等。

你需要创作的内容类型也将决定你对程序员的要求。如果你是要做一款 VR 游戏，那么你可能会想找一个有游戏开发经验的程序员，如果你要打造的体验是完全被动式（VR 影院），那么编程的需求就会很小，程序员工作的核心是交互体验。

作为一名程序员，你必须和其他的队友沟通，以确保你们的工作是朝着成品目标的方向推进，因为一不留神就有可能会把时间耗费在无足轻重的细节，或者那些由于设计变更而被砍掉的部分上。时刻牢记最终目标，和队友保持明确的沟通，可以防止你浪费时间。同时，花一点时间复查和沟通可以省去你做“无用功”的时间。

游戏剧本作家

刚开始写这本书时，我本想把书名定为《虚拟现实剧本创作》（*Writing for Virtual Reality*）。作为一名作家和有意引导由故事驱动的 VR 内容开发人士，我当时是想谈谈 VR 和叙事。不过，对于制作有吸引力的 VR 内容来说，开发团队里所有的职位都至关重要，而这些职位都没有现成的资源可以参考，因此，我决定践行灵活开发的原则，迅速调整方向，创作能为 VR 社区带来更多价值的内容。

那么剧本作家应该如何融入 VR 团队呢？首先，这要取决于你的内容对故事情节的依赖度有多高。为了能够清楚地进行说明，我将把这一节分成三个部分：撰写故事情节驱动型内容、撰写含故事情节型内容和撰写无故事情节型内容。

故事情节驱动型内容

如果你的内容是靠故事情节驱动的，你就要尽早让一名剧本作家加入项目中，在没有剧本作家的情况下就开始制作内容无疑是一个大错。这种项目需要专业的故事创作型作家，就如一个使用 3D 环境的游戏需要一名环境艺术专家一样。如果剧本作家在一开始便加入，那么对玩家体验起核心作用的故事元素就能够指导整个内容开发过程。

尽管如此，剧本作家必须注意几个关键事项。

首先，CV1VR 的本质决定了你创作 VR 故事的方式和为其他媒介创作故事的方式大不相同。在设计故事情节和角色能力时必须把模拟器眩晕症和控制输入等问题纳入考虑范围。如果你设计的玩家控制角色要通过后空翻来躲避敌人的进攻，那么你就严重破坏了用户的舒适感（只是想想就让我觉得有点晕）。当你着手开发内容后，你很可能会发现有一些想法在 VR 中的效果不如你想象的那么好。剧本作家必须冷静处理这些问题，在紧迫的时间内想出有创意的解决方案。如果出现了问题，你的创作决定可能会影响其他队员的工作进程，因此应变能力十分关键。

其次，你必须记住自己创作的对象是一个交互式媒介（传统意义上指的就是游戏），所以仅仅担任好剧本作家这一角色是不够的。交互式媒介行业中的作家还必须是一个游戏设计师。通过理解游戏玩法及其在内容中的应用，你创作的体验才能够充分发挥这一媒介的作用。最优秀的交互式游戏剧本作家同时也是优秀的游戏设计师。如果你想为 VR 游戏或者任何形式的 VR 交互式内容写故事，就必须先学好游戏设计。能有实践经验自然最好，但如果你才刚刚起步可能会有点难度，不过你可以通过熟练掌握大量知识来弥补经验上的不足。同时，不要忘了 VR 游戏设计并没有什么成文的规则，所以不要害怕尝试新的游戏设计技巧。通过了解前人的设计，你可以知道还有什么是未被尝试的。

把叙事和游戏设计结合起来，剧本作家就可以创作出比其他任何艺术形式都更吸引人的体验。小说和电影与亲身体验的故事相比就要简陋许多了。故事驱动型内容预计将在未来几年里不断增加，就算脱离 VR 也是如此——因为技术越来越标准化，画面质量也越来越逼真，所以故事在区分内容质量高低上的作用就变得更加重要了。

含故事情节型内容

尽管故事情节驱动型内容会不断增多，重度依赖交互体验技术的内容也会层出不穷。但如今大部分的游戏都属于这一类别，相比游戏玩法，故事对玩家的吸引力要小得多。尽管如此，还是要让剧本作家尽早加入游戏开发。参与这类游戏的作家依然需要过硬的游戏设计知识，即使你不会对游戏设计产生直接的影响。你的工作是创作一个有趣（且沉浸）的故事体验，同时让玩家能够充分享受游戏的独到玩法。因此你不得不在故事情节发展上对其他团队成员（主要是带头的游戏设计师）作出让步。比如说，你可能很想让玩家体验作为一个配角的感受，但游戏设计师不愿再花时间设计一套不同的能力组合，他们希望整个游戏的玩法体验能够保持一致，而且设计这样一个功能所耗费的额外资源比这个功能所带来的收益要多。面对这种情况，灵活应变是最重要的。

无故事情节型内容

有些内容是没有故事的，通常这就意味着这个项目不需要剧本作家。不过，如果能让一个剧本作家来创作对话、指示语或游戏中的其他文字内容也是非常有益的。要记住，总的来说，哪怕只有一点点的故事情节，对于游戏来说都是有利的。比如，你可以对比一下朝碉堡扔石块的游戏和《愤怒的小鸟》（*Angry Birds*）——因为碉堡里的猪偷了你的蛋，所以你要发射小鸟去攻击它们，两者之间的趣味性的差异。

项目经理

任何 VR 内容的创作都绝对需要一个项目经理。如果没有一个人专注于确保项目在预算内完成且监督整个项目的进程，那么项目可能永远都完成不了。根据团队的规模，项目经理可能还要担任其他的角色，但项目总负责人这个角色是必不可少的。好的项目管理和剧本创作、编程或 3D 设计一样属于一种技能，需要学习也需要实践。VR 项目经理必须是一个领导者，在跟进项目现状和剩余时间的同时，要时刻牢记内容开发的最终目标。对于项目经理来说，最难的工作之一就是决定创建还是删除某个特性，你必须衡量这一特性的经济效益、社会效益及其制作成本。能添加的特性是无穷无尽的，排列优先级才是最重要的。

项目经理不应事必躬亲地插手每个团队成员的工作，而应着眼于大局。媒体型项目经理的“最佳实践”就是给予团队成员所需的信息和工具，然后让他们放手去做。正如老子所说：“悠兮其贵言，功成事遂，百姓皆谓我自然”①。团队成员都是他们各自领域的专家，所以项目经理并不需要告诉他们该怎么做，而应让他们有一个清晰的目标，明白什么是重要的，以确保在有限的时间内能够完成每一部分的内容（并且意识到预算或时间是否需要增加，或者某些特性是否需要删减）。项目经理对项目的熟悉度也非常重要，这意味着一个好的 VR 项目经理对编程、3D 艺术、写作和声音技术都要有所涉足。

视觉艺术家

在 3D VR 环境中，艺术家用引擎描绘虚拟世界和角色。3D

① 原文为“In the words of Sun Tzu（author of The Art of War），‘a leader is best when people barely know he exists. When his work is done，his aim fulfilled，they will say: we did it ourselves’”。这句话实则出自老子的《道德经》，而非孙子之言。意为“最好的统治者是多么悠闲。他很少发号施令，事情办成功了，老百姓会说：‘我们本来就是这样的’”。——译者注

设计师是 VR 内容创作的工匠。你的团队需要能够创作出逼真的虚拟环境、角色和特效的设计师。

3D 艺术家都倾向于追求最美观最高清的模型，但更重要的是他们能够在项目预算和时间限制内创作出所有必备的内容。一个充满艺术感、看起来像是用十年前的老引擎做出来的产品，比一个既漂亮又先进但花光了所有经费的半成品要好得多。从项目伊始就要和团队成员就内容的具体参数规格达成一致意见，认清自己的极限。更高的质量和更多的图像意味着这个项目需要更多的 3D 艺术家。

需要谨记传统的设计手法，比如灯光，必须表现出 VR 的 3D 深度。立体的 3D 显示能够让画面的深度感更加真实，但如果没有恰如其分的灯光、比例等元素，画面中的环境和物体都会不好看，因此要特别注意环境和角色的沉浸感。你希望达到的 VR 效果是所有东西都和谐共处，不会让人产生出戏的感觉。

如果你目前在做的项目正在寻找美工，你就得衡量外包这部分工作的利弊，美工外包也可以有效实现事半功倍。

音效工程师

音效工程师（音频总监）的工作是获得或创作出游戏所需的全部声音效果，也就是说他们需要和一个作曲家一起共谱配乐，或者获权使用他人的音乐，聘请配音演员来录制角色对话，和音效设计师一起创作环绕音和音效。音效工程师可能有能力完成部分任务，但其最终的职责是凑齐产品所需的所有声音，和程序员协调把声音加入游戏当中。同时，音效工程师还要和剧本作家以及艺术家合作，确保声音与故事情节和环境搭配得当。如果聘请了配音演员，要保证在录制声音时团队的剧本作家也在场，以防他们想要临时改变内容，也方便他们把具体情节和要求告知配音演员（比如感情和场景描述）。

沉浸感强的声音可以让虚拟世界变得更加真实。如果一头老虎从左边袭击你，那在它扑过来之前的咆哮声出现在你的左边，这比双耳听到一样的声音要更具沉浸感。同时要留心已有的 3D 音效引擎和软件，根据需要进行选择。Oculus 和 Valve 的头显都内置了耳机，Unity 等游戏引擎也已经开始加入空间音效软件，但沉浸式音效的解决方案才刚刚起步，后续的发展需要音效工程师的创新与努力。要打造真正具有沉浸感的 3D 体验，设计精良的 3D 音效必不可少。

营销人员

无论你的内容有多出色，如果没人知道就不会有人来买。好的营销能让你的目标受众对产品产生兴奋和期待之情，并且让人们去了解获取方式。在此我不会具体地说明如何做一次有效的营销，我只是想指出 VR 市场在初期将由一群忠实的玩家和 VR 爱好者组成，然后会延伸到每个拥有计算设备的人。营销是一门专业技能，但不要只满足于传统的营销手段。通过 Kickstarter、你的网站、吊人胃口的 Demo 和评论来和粉丝进行互动就是一个好的开始（但绝不仅限于此），一定要确保你的团队有一个人（或一组人）专门负责推销你的内容。

进入 VR 行业

我最经常被问到的一个问题是："我该如何进入 VR 行业？"或"我该专攻哪些领域才能成为 VR 行业的一员？"而这个问题的答案取决于两个因素：

1. 你对做什么事情有热情？
2. 你拥有什么技能？

了解自身

第一个问题恐怕是人类最难回答的问题之一。很多人终其一生都不知道自己想要什么，做着那些他们觉得自己需要而又不喜欢的事情。大学的一个主要卖点就是它能为你提供探索不同学科领域的机会，从而让你在参加工作之前尝试着去寻找自己的心之所向。或许最棘手的是，人们热爱的东西是不断改变的，并且具有明显的个体差异。

但为了能在 VR 行业里愉快而高效地工作，你必须尽可能地了解自己的热情所在，认真地剖析自己。想想如果你有机会做你想做的任何事情，你会去做什么，然后把你的想法和 VR 市场的机遇与快速发展进行匹配，这样你就能找到所谓的创业 / 市场结合点。你要把你的兴趣和你发现的市场机遇（即具有经济增长点的地方）相结合，这样你就可以一直享受工作。享受比简单地依靠理性更重要，它会让你更高产高效。

技能多变性

当你进入 VR 行业时，有效利用你已经拥有的技能可以缩短你起步加速的时间。不过，我必须强调，如果你并不喜欢与你现有技能组合相关的 VR 工作类型，你就应该慎重考虑学习与你兴趣爱好相匹配的新技能。VR 的每一个制作步骤都需要技术性的工作，所以如果有机会重新专攻一个领域，干嘛要一直做自己不喜欢的事情呢？尤其是现在学习和 VR 相关的技能已经变得非常便捷了！

如今通过一台电脑、一个网络接口，你就可以获得惊人的知识量。现在与 VR 产业相关的自学资源也非常丰富，只要你知道如何去找——上网去搜，你就可以找得到。这里，我们指的并不是高级信息搜索能力，你只要用最基本的搜索方法，如搜索“如何学习 C#”或“Unity 游戏教程”，就会出现最好的资源。

因此，对于那些想从事 VR 游戏开发的人而言，只要花几个月的时间专心学习，就可以成为称职的开发者。你利用网络资源学习的速度会快到让你吃惊。我花了两周的时间专注学习，就从编程小白变成可以编写基础游戏、阅读复杂代码、进行简单调试、修改和编辑的初级程序员。事实上，任何达到大学生阅读水平的人都可以通过专门的学习在 3-6 个月内成为一名软件开发者，有些人甚至用更短的时间就可以达到这一水平。当然，只有你有动力、有自制力、按部就班地完成学习计划才可能实现这一目标。不过，如果你真的很想追求自己的理想，我推荐你花些时间自学。如果你的阅读能力不足也不用担心，学起来还是很简单，只不过要做好投入更多时间的心理准备。

针对 VR 游戏开发，我推荐从选择引擎开始，Unity 或 Unreal 都行，学习引擎使用的基本语言（Unity 是 C#，Unreal 是 C++）。我个人偏好 Unity，因为它的开发者群体和内容商城都更庞大，语言也更容易学习。一旦你跟着网上的资源学会了 C# 和 C++（我推荐微软的虚拟学院，但还有很多网站以及亚马逊上所卖的书也可以作为学习资源），你就可以加入辅导课程，专门学习你要用的引擎的特点，然后再参加大量的游戏开发培训。在这个过程中，你会慢慢积累编程所需的专有名词，同时也可以不断练习语法（代码的结构）。此外，你还能够学会如何把这些代码用于引擎当中，制作实实在在的游戏！

随着你的技术不断纯熟，你可以搜索相关的辅导课程和信息，研究如何做出你感兴趣的东西。最好的学习方式就是设计自己的游戏。迈出第一步的关键在于从小做起，并且不要过于担心你一开始设计的游戏的质量，只要你一直都在学习就行。在你熟练之后，再逐渐扩大范围和提高质量，这样你就可以不断创作出在你舒适区之外的作品。几个月之后，你就可以做好准备进行专业的游戏开发了，到那时，你甚至已经有几个小型的 VR 游戏作品。为了证明上述做法是可行的，并且为后来人指路，我开了一个博客专门记录我的进度，博文的名字就叫做“VR 游戏开发 100 天”。

对于那些想做 3D 美工工作的人，方法是非常类似的。如果你不具备相关的技能，你可以通过在线教程，结合 Maya 和 Houdini 等工具来学习，然后把这些技能应用于游戏引擎当中（3D 素材是独立于游戏引擎之外单独制作的，然后再加入到引擎中，让 VR 摄像头能实时地环顾周围的环境）。

如果你想从事游戏剧本创作，那就尽你所能阅读一切关于游戏创作、游戏设计、电影创作、哲学、小说和其他你感兴趣的复杂的理念，写下你学到的东西，或者根据自己的兴趣练习写作。

总的来说，自我驱动型学习和有效学习就是获取知识和实践练习的最佳结合。互联网降低了相关领域学习的门槛，特别是 VR 相关领域。我之所以非常重视游戏开发不仅仅是出于个人原因，还因为推动各种 VR 体验所需的技能和 3D 游戏开发所需的技能是一样的。

VR 投资

如果你有幸手握投资资本，你只需问自己一个问题：决定投资 VR 公司的举动是否正确，也就是你想做到一本万利吗？如果答案是肯定的，那现在就是投资 VR 软件内容的最佳时机。

因为 VR 实在是太新了，这个领域中的公司的价值都被低估了，很少有投资者真正意识到 VR 所带来的机遇。光是读这本书，你拥有的相关知识就已经超过了 99% 的投资者。在任何市场中，利用大众的知识匮乏进行投资可以大大提升投资的潜在优势，因为当大部分人获得你已经拥有的知识并采取行动时，现在被投资人低估的市价就会飙升。

现在进入 VR 市场的公司拥有先发优势，他们可以在同类公司进入市场前率先建立自己的用户基础和技术。而且早期的市场竞争压力也会更小，需要维持公司运转的资金也更少。一旦成功，要么会成为行业（承载着未来计算平台的行业）的基石，要么在两三年后被更大的公司收购（到那时 VR 公司的价格将飞涨，因为 VR 和 AR 已成为“新一代手机”）。

不可否认，和其他行业一样，很多公司都会失败，无论它们拿到了多少投资。如果你手上的投资金额有限，你应该把钱投入那些了解市场的公司（也就是那些生产的产品真的有市场需求的公司），以及那些你相信其创始人可以做出明智决定的公司。当你的投资不是非常多元化的时候，你要确保投入的数额即使全赔了，自己也可以承受。话虽这么说，但你简单算一算就会知道，即使只有 10% 的 VR 公司成功了，且预期回报率为种子投资的 100 倍[①]，你的每笔投资也可获得 10 倍的回报。对少量创业公司进行投资总是有风险的，但一般对投资者是有利的，同时还能推动创新发展。

如果你有足够的资本，把大量的资金分散投入 VR 市场，那几乎能保证你比投入其他领域要赚得更快。"大面积撒网"意味着只要 VR 市场真的利好，你选哪家公司投资都可以。比如说，你把 1 亿美元分别投入 100 家不同的公司，每家公司 100 万，只要有一家公司的市值上涨 100 倍就可以回本。就算投资人自己对 VR 行业一无所知，随便选多家公司进行投资，按照这样的策略也可以获得高额回报（但这只适用于一个行业发展的初期）。

当然，要做投资的人实际上都会研究 VR 行业或咨询行业专家，以选出有可能成功的公司。最重要的是，100 万美元对于目

① 鉴于一家成功的公司至少会增值 10 倍，极端情况甚至是 1 000 倍，这些数据都是合理的假设。

前的 VR 行业来说是笔不小的数目，足以帮助一家 VR 公司获得成功。最最重要的是，现在 VR 行业的投资人还很少，这一笔资金可以率先从现有的 VR 公司中进行选择。金额较小的投资也常用这一模式。

案例分析：罗森伯格基金和 BoostVC 公司

最早推动 VR 产业发展的两大投资者分别是罗森伯格基金（Rothenberg Ventures）和 BoostVC 公司。罗森伯格基金为 6% ~ 8% 的 VR 公司分别投资了 10 万美元以及提供了工作场所，BoostVC 公司则为 6% 的公司提供了 1.5 万 ~ 2.5 万美元的资金、工作场所和住房。作为最早推动 VR 市场的公司，他们以非常优惠的价格，优先挑选了一部分寻找此类投资规模的 VR 公司。罗森伯格采取的策略是每 3 个月投资大约 10 家公司，BoostVC 公司则是每 3 个月投资大约 20 家公司。就像我们之前提到的那样，这些投资和策略都将获利颇丰。

投资是推动创新的命脉。通过投资 VR，你将推动未来计算平台的发展，同时获得经济上的回报。此外，不要忘记，你的投资将会直接影响到那些控制计算平台的未来的公司和创始人。所以为了让我们的世界更美好，赶紧投资吧！

06

VR 及未来

VIRTUAL REALITY INSIDER

Guidebook for the VR Industry

未来的发展不仅仅是 VR 技术，还有 AR、AI、生物增强、纳米机器人等，VR 作为下一个人类文明发展的浪潮，将在接下来的几年成为“现实生活”有趣且实用的补充，越来越向“现实”靠近，最终我们将区分不出“现实”和虚拟现实……

VR 将对我们的时代产生怎样的影响？我们可以把时代想象成文明中宏观趋势的多股细流。比如说，飞机增强了人们的移动能力，让更多人可以到国外旅行，因此造就了整个旅游产业，这反过来促进了全球意识的形成。和飞机飞行一样对全球化作出贡献的宏观趋势还有很多。通信技术让来自不同国家的陌生人得以在互联网上进行直接或间接的交流，加速了全球化的趋势。这两大趋势就像两条河流汇入全球化的大潮之中，同时也分流至其他方向。比如，飞机让远距离作战成为可能，同时也衍生了空间飞行技术。

虚拟现实是宏观趋势这片汪洋中的一股巨浪。作为一款炫酷的娱乐设备进入人们视野后，VR 将大大改变世界人民交互的方式，它对人类的各种体验所带来的影响怎么夸张都不为过。为什么？因为虚拟现实在接下来的几年将成为“现实生活”有趣且实用的补充，但随着大量的资本和注意力倾入这个产业，与之相关的技术也将继续发展。VR 将越来越向“现实”靠近，最终我们将区分不出“现实”和虚拟现实。和所有的技术一样，VR 也是把双刃剑。你必须明白 VR 技术越来越接近“现实”是大势所趋，是几乎无法避免的，因为这样才能防止社会崩溃。所以问题的关键不是这“会不会”发生，而是“何时”发生。接受这一点之后，你就可以趋利避害，妥善应用 VR 技术，创造出有积极价值的内容。

假设我们正朝着这样的 VR 发展，那就必须想到自己可能已经身处 VR 中了。我们正在打造让现实和 VR 变得无法区分的技术，也就是说当技术真的达到了那个水平，我们就无法辨别二者了。这一点可能会以多种不同的方式呈现，也许我们真正的身体正处于类似《黑客帝国》中一样的培养仓中；也许我们是仿真程序里的 AI；也许是某种形式的训练程序中的 AI；我们也可能拥有统一的意识，但生活在不同的模拟人生中，以获得对人生的某些理解或让自己有事可做；我们也可能都在玩同一个 VR 游戏，在游戏中死后会在现实中苏醒过来，然后再花钱买下一个游戏玩。目前我们无法检验自己是否身处 VR 里，更不会知道上述可能性（或其他可能性）哪些更有可能发生。尼克·博斯特罗姆（Nick Bostrom）[①]提出了一个很有趣的观点：由于最终我们会获得强大的运算能力，所以我们所处的现实极有可能实际上是一个模拟的现实。因为当一个文明拥有这般先进的 VR 技术时，它就可以创造出数百万甚至更多类似的现实，那么我们所处的现实就很

① 尼克·博斯特罗姆，牛津大学哲学家和超人类主义学家，以“人工智能末日论”闻名。——译者注

有可能并不是“真正的”那一个现实，而是数百万个虚拟现实中的一个。无论如何，我认为最好还是假设我们生活在“真正的现实”中，同时也接受“我们可能并不在其中”这一观点。这一假设对错的概率都是50%，但我们还没有办法检验任何一种可能性。

要理解完全沉浸式 VR 何时会出现、如何能够实现，就必须明白信息技术指数式增长的本质。尽管有这一本质的存在，但大部分人对于变化的认知还是线性的，因此我们通常会高估短期内变化的速度，低估长期内变化的速度。比如说，“人类基因组计划”计划用 15 年的时间绘制出人类所有的基因组，在项目的前半段时间里只绘出了 1% 的基因组序列，但这个项目还是如期完成了，因为绘制基因序列的能力呈指数式增长。

我们必须把和 VR 一起高速发展的、多种令人兴奋的技术也纳入考虑范围。我们很难预测这些趋同的技术在发展过程中将如何交互，我将重点指出那些可以和 VR 融合的、最显著的趋势，并详细描述其发展的可能性。

未来几十年，神经科学知识将呈指数增长。我们才刚刚开始解锁大脑的奥秘，这些知识将促进内容更加丰富的 VR 内容的创作，更具沉浸感的硬件欺骗性技巧[①]的出现和 AI 技术的提高。从

① 指虚拟现实技术的欺骗大脑的能力。——译者注

时间上来看，如果摩尔定律保持不变，我们将在 2041 年之前实现人脑的完全仿真。人们担心摩尔定律的速度正在下降，但实际上，这只是扁平芯片范式的升级速度在下降，而向 3D 芯片范式的转变（在 3D 打印机的帮助下会变得相对容易）将会让计算机的计算能力依然保持指数式增长。也就是说，如果在 2041 年以前，软件设计或大脑科学在 AI 上都还没有新突破，我们至少能够用 3D 芯片造出人工大脑。2041 年非常接近很多人所说的“奇点”，到那时，AI、生物强化或脑机接口等技术都将超越人类的智慧。

奇点之所以被称作奇点是因为它既难理解，又难预料。我个人更倾向于“智能爆炸”（intelligence explosion）或“超人类主义”（transhumanism）等说法，因为它们更准确地预测了到时将会发生的事情。无论如何，预测的时间点离当下越远，也就越难搞清楚，因为信息技术进步的速度非常快。

美国著名未来学家雷·库兹韦尔（Ray Kurzweil）相信，20 年后纳米机器人将进入我们的大脑，通过云计算升级我们的智能。技术的指数倍微型化融合神经科学将让大脑增强成为可能。生物科学也将得到升级，以保养我们身体的其他部分，所以长生不死完全有可能实现。纳米机器人可以修复和替换细胞，防止因年龄增长而产生的常规细胞死亡。

这些技术进步将对虚拟现实产生十分有趣的影响。大脑增强会让 VR 体验比现实更加逼真，当大脑的工作记忆（本质上可能是 RAM[①]）翻倍时，人类感知会变成什么样呢？理论上，长生不死和大脑处理速度的提升让人可以体验无数次虚拟现实人生。

我们既可以害怕这些巨大的改变，沉湎于充满忧患的世界中，也可以敞开胸怀接受这些技术进步，利用它们提高我们的幸福感并促进我们的社会文明。我们可以变得更具有人性，超越现有体验的局限，更加充分地体验生活。通过我们创作的内容，我们可以塑造这些技术所处的文化环境。

我个人对未来的预测又是怎样的呢？我认为在 2024 年以前，虚拟现实的普及度就会达到目前智能手机的水平。最尖端的图像效果将会和真实生活别无二致，但触感技术可能还会处于初级水平。我认为中产阶级以上的家庭在 2029 年之前会人手一套拥有能够让他们在虚拟环境中自由行动的完全沉浸式设备。

到 2034 年，我们将开始使用纳米机器人和（或）神经植入芯片来提高我们的思维能力和（或）感官体验，VR 也将和现实别无二致。触感技术经过 10 年的发展黄金期，依然会是沉浸感的主要来源，但在接下来的 10 年，脑机接口将会取代触感技术成为主

① 这里将人脑与计算机做类比。——译者注

流；每个人都能够接触到某种形式的 VR。

2044 年，我们将会发明出有感知能力、和计算机紧密结合的 AI，VR 将能完美仿真现实，现实反而可能变成清晰度较低的一方。我们很难想象这一切变化所带来的后果，假设我们能活到 AI 诞生之时，2054 年世界将变得几乎认不出来。

这些预测都是根据我的研究得出的，我并没有强调这些变化发生的具体日期，毕竟十有八九都不可能准确预测，而是把重点放在对未来变革的展望上。距离现在越远的预测，越不可能准确，因为随着时间距离的增加，能够参考的数据就越少，变数也越大。总的来说，如果我们能够沿着一条和平合作的道路一直走下去，虚拟现实和人类的未来都将十分光明。

后　记

社会责任

无论种族、宗教、国籍，我们都必须明白，任何人在虚拟现实行业中的所作所为将对整个社会产生影响。虚拟现实是解决人类挑战这一更大的谜题中至关重要的一块拼图。地球上的人类组织必须共同协作解决这些挑战，提升我们的幸福感。如果你正在阅读这本书，就说明你有兴趣在生活中创造一些东西。在创造时请仔细思考你可以为这个世界带来怎样的积极影响，这样有利于帮助这个星球上的人类组织。如果这个组织最终取得胜利，我们也将胜利。

我们眼下最大的问题就是贪婪、缺乏合作和陈旧的社会体系。各个国家的人民应当通力合作，让这个世界变得更美好，国家之间也应当相互合作，实现互利共赢。最终只有一件事会阻碍我们迈向前所未有的进步和幸福，那就是我们自己。为了打造一个友好的未来，最重要的就是优先解决当下最紧迫的问题，如气候变化和教育问题。VR 将带动所有的媒介，成为推动这些问题范式改变的最佳场所。世界由我们创造，绝不能缺了你。

北京阅想时代文化发展有限责任公司为中国人民大学出版社有限公司下属的商业新知事业部，致力于经管类优秀出版物（外版书为主）的策划及出版，主要涉及经济管理、金融、投资理财、心理学、成功励志、生活等出版领域，下设“阅想•商业”“阅想•财富”“阅想•新知”“阅想•心理”“阅想•生活”以及“阅想•人文”等多条产品线。致力于为国内商业人士提供涵盖先进、前沿的管理理念和思想的专业类图书和趋势类图书，同时也为满足商业人士的内心诉求，打造一系列提倡心理和生活健康的心理学图书和生活管理类图书。

阅想•新知

《精益创业：打造大公司的创新殖民地》

- 微软精益创业培训，湖南卫视专题报道，北大创业营推荐。
- 埃里克•莱斯精益创业理念的落地与实践。
- 帮助企业消除内部创新的“绊脚石”，释放企业创新、创业的无限可能。

《断点：互联网进化启示录》

- 《纽约时报》《今日美国》年度超级畅销书。
- 一部神经学、生物学与互联网技术大融合的互联网进化史诗巨著。
- 共同见证机器获得人类智慧的奇点来临，引领人类跨入有着无限可能的未来。

《重构物联网的未来：探索智联万物新模式》

- 一部对传统物联网构建模式进行创新性、颠覆性重构的里程碑著作。
- 英特尔公司推荐书单图书之一。
- 获软件业界的奥斯卡奖——震撼奖（Jolt Award）提名。

《颠覆性医疗革命：未来科技与医疗的无缝对接》

- 一位医学未来主义者对未来医疗 22 大发展趋势的深刻剖析，深度探讨创新技术风暴下传统医疗体系的瓦解与重建。
- 硅谷奇点大学“指数级增长医学”教授吕西安•恩格乐作序力荐。
- 医生、护士以及医疗方向 MBA 必读。

Virtual Reality Insider：Guidebook for the VR Industry（2nd Edition）

ISBN: 978-0-9909999-2-8

图书在版编目（C I P）数据

虚拟现实 : 下一个产业浪潮之巅 : 第2版 / (美)斯凯·奈特 (Sky Nite) 著 ; 仙颜信息技术译. -- 2版. -- 北京 : 中国人民大学出版社, 2016.9

书名原文: Virtual Reality Insider: Guidebook for the VR Industry (2nd Edition)

ISBN 978-7-300-23288-1

Ⅰ. ①虚… Ⅱ. ①斯… ②仙… Ⅲ. ①虚拟现实—普及读物 Ⅳ. ①TP391.98-49

中国版本图书馆CIP数据核字(2016)第195272号

虚拟现实：下一个产业浪潮之巅（第 2 版）

【美】斯凯·奈特（Sky Nite） 著

仙颜信息技术 译

Xuni Xianshi：Xiayige Chanye Langchao Zhidian

出版发行	中国人民大学出版社		
社　　址	北京中关村大街 31 号	**邮政编码**	100080
电　　话	010-62511242（总编室）		010-62511770（质管部）
	010-82501766（邮购部）		010-62514148（门市部）
	010-62515195（发行公司）		010-62515275（盗版举报）
网　　址	http：//www.crup.com.cn		
	http：//www.ttrnet.com（人大教研网）		
经　　销	新华书店		
印　　刷	北京联兴盛业印刷股份有限公司		
规　　格	145mm×210mm　32 开本	**版　次**	2016 年 9 月第 1 版
印　　张	4.75　插页 2	**印　次**	2017 年 5 月第 2 次印刷
字　　数	60 000	**定　价**	45.00 元